Berichte des

Deutschen Ausschusses für Stahlbau

Herausgegeben vom Deutschen Stahlbau-Verband, Berlin im NS.-Bund Deutscher Technik

Heft 14

Versuche über das Verhalten von geschweißten Trägern unter oftmals wiederholter Belastung

Von

Otto Graf

o. Professor an der Technischen Hochschule Stuttgart

Mit 42 Textabbildungen

Berlin
Springer-Verlag
1942

ISBN 978-3-7091-5232-4 ISBN 978-3-7091-5380-2 (eBook)
DOI 10.1007/978-3-7091-5380-2

Inhaltsverzeichnis.

Berichtigung zu Heft 12.

1. S. 36 unter c) soll es heißen: „$\sigma : \tau = 1 : 1{,}7$ bzw. $1 : 3{,}3$“ statt „$\sigma : \tau = 1 : 1{,}7$ bzw. $1 : 1{,}3$“.
2. Die Bildstöcke zu Abb. 62 und 63 sind vertauscht.

Einleitung.

Schon bei der Durchführung der Zugversuche mit geschweißten Verbindungen, über die in der Schrift „Dauerfestigkeitsversuche mit Schweißverbindungen", VDI-Verlag, Berlin 1935, S. 18 ff. berichtet worden ist, trat die Frage auf, ob die Widerstandsfähigkeit geschweißter Verbindungen in der Zugzone von Trägern unter oftmals wiederholter Beanspruchung bei Biegeversuchen ebenso groß zu erwarten ist wie bei den Zugversuchen. Einen vorläufigen Einblick gaben im Jahr 1933 durchgeführte Versuche mit ungeschweißten Trägern, vgl. Stahlbau 1934, Seite 169 ff. Diese Versuche zeigten, daß die Zugzone eines I-Trägers ungefähr ebenso widerstandsfähig ist wie ein Flachstab aus dem Stahl der Zugzone des Trägers beim Zugversuch. Daraufhin ist im Frühjahr 1934 ein Arbeitsplan für Versuche aufgestellt worden, um zu erfahren, ob Schweißverbindungen in der Zugzone von Profilträgern ebenso beurteilt werden können wie Schweißverbindungen, die nur auf Zug beansprucht sind. Über diese Versuche ist erstmals im Stahlbau 1937, Seite 9ff. berichtet. Im vorliegenden Heft wird unter A zusammenfassend über die zugehörigen Feststellungen berichtet.

Schon vorher sind Versuche über die Widerstandsfähigkeit der Schweißverbindung in der Druckzone von I-Trägern ausgeführt worden. Hierzu wird unter B berichtet.

Bei der Durchführung der Versuche unter A zeigte sich eine weitere Aufgabe. Es ist festgestellt worden, daß die Enden von Laschen und Gurtverstärkungen in der Zugzone von geschweißten Trägern anders zu gestalten sind als dies vordem üblich war. Heft 8 der Berichte des Deutschen Ausschusses für Stahlbau enthält die zugehörigen Beobachtungen. Es blieb noch festzustellen, wie die Schweißnähte an den Enden der Laschen und Gurtverstärkungen zu bemessen sind. Die Ergebnisse dieser Versuche sind unter C mitgeteilt.

A. Versuche über das Verhalten von genieteten und geschweißten Stößen in der Zugzone von Trägern I 30 aus St 37 bei oftmals wiederholter Belastung.

Der Arbeitsplan für die im folgenden beschriebenen Versuche ist im Frühjahr 1934 aufgestellt worden. Die Versuche sollten zeigen, ob Schweißverbindungen in der Zugzone von I-Trägern ebenso tragfähig sind wie Schweißverbindungen in Zugstäben. Der Arbeitsplan ist in einer Arbeitsgruppe, welcher die Herren Professor Dr.-Ing. Klöppel, Ministerialrat Professor Dr.-Ing. eh. Schaechterle und der Berichter angehörten, festgelegt worden. Herr Baurat Dr.-Ing. eh. Bohny hat erwirkt, daß das Werk Sterkrade der Gutehoffnungshütte die kostenlose Herstellung und Lieferung der Versuche übernahm.

1. Arbeitsplan.

Die Versuchskörper waren Träger I 30 aus St 37; ihre Länge betrug 3200 mm; die Auflagerentfernung war 3000 mm. Die Belastung erfolgte in der Regel an zwei symmetrisch zur Mitte der Balkenlänge gelegenen Stellen im Abstand von 550 mm.

Die Träger waren entweder in der Mitte oder in den äußeren Balkenteilen durch Nietverbindungen oder Schweißverbindungen gestoßen.

a) Reihe 1, Träger nach Abb. 1, in der Mitte durch eine Nietverbindung gestoßen. Über den Widerlagern und unter den Laststellen hatten die Stege Versteifungen aus L 60 · 60 · 10 mm erhalten.

Die Einzelheiten der Nietverbindung sind in Abb. 5, Zusammenstellung 1, dargestellt. Die Verhältniszahlen für $\sigma : \sigma_l : \tau$ betrugen 1 : 0,9 : 0,5. Die inneren Flächen der Nietverbindung waren mit Mennige gestrichen.

Über die Herstellung der Nietverbindung wurde aus Sterkrade folgendes mitgeteilt.

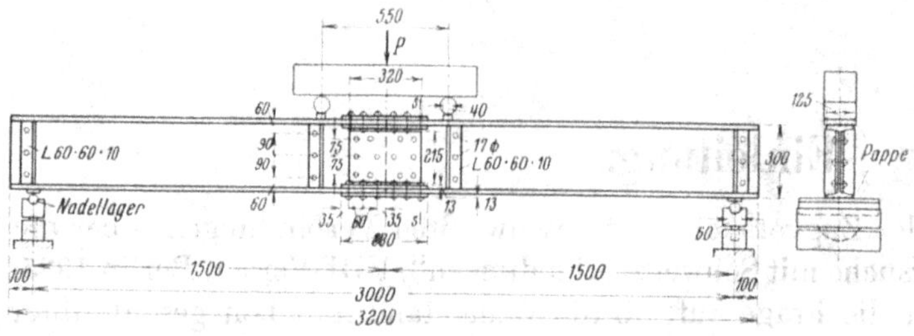

Abb. 1.

Der Durchmesser der Rohniete betrug am Schaftende 15,7 mm, am Setzkopf 16,3 mm. Die Glühfarbe der Niete war hellgelb. Das Schaftende der Niete wurde vor dem Einbringen der Niete kurze Zeit in Wasser getaucht. Das Schlagen der Niete geschah mit einem Preßlufthammer von den Niles-Werken, Type RN 23a, Hammergewicht 9,6 kg, Döppergewicht 1,2 kg. Der Überdruck der Preßluft betrug 6,5 bis 7 at. Die Nietzeit ist zu 8 bis 12 sek angegeben worden.

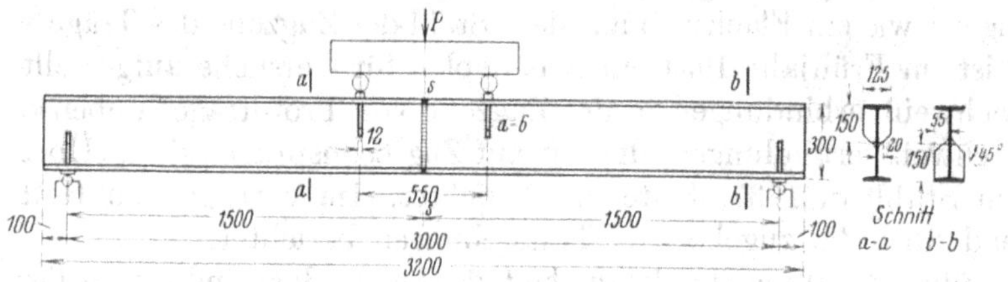

Abb. 2.

b) Reihe 2, Träger nach Abb. 2, sowie nach Abb. 6 (Zusammenstellung 1) mit einer Stumpfnaht. Die Naht wurde mit dem Lichtbogen geschweißt. Die Flächen der Fugen waren brenngeschnitten, die Brennhaut abgeschmirgelt. Die Flanschen und der Steg der Träger erhielten V-Nähte mit einem Öffnungswinkel von 70°. Zuerst wurde der Steg geschweißt, dann sind die Flanschen geschlossen worden, zuletzt auf der Zugseite. Die V-Nähte sind an der Wurzel nachgeschweißt worden.

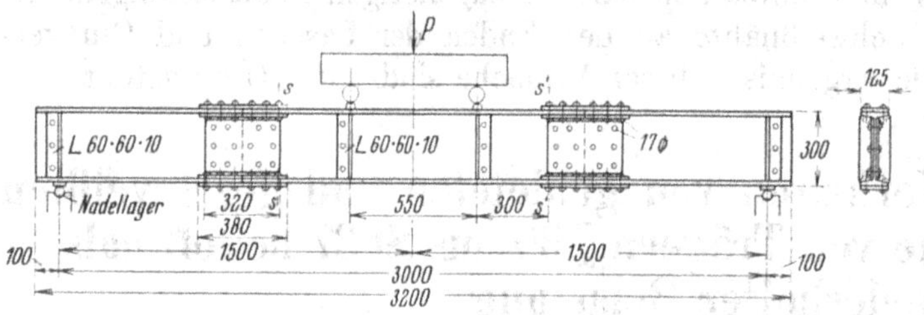

Abb. 3.

Geschweißt wurde mit umhüllten „Pan“-Stäben, in der ersten Lage mit 4 mm Durchmesser bei 30 bis 35 Volt und 150 bis 180 Ampere, in der zweiten und in den weiteren Lagen mit 5 mm Durchmesser bei rd. 35 Volt und rd. 200 bis 210 Ampere.

Die fertige Schweißnaht wurde nicht bearbeitet.

c) Reihe 3, Träger mit schrägen Stumpfnähten nach Abb. 7, sonst wie Abb. 2. Die Stumpfnähte in den Flanschen lagen unter 45° zur Achse des Trägers. Die Schweißung geschah wie bei der Reihe 2.

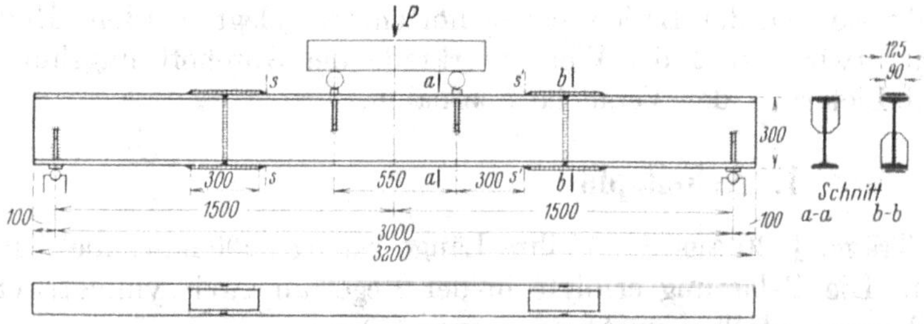

Abb. 4.

d) Reihe 5, Träger mit Schweißverbindungen nach Abb. 8, sonst nach Abb. 2. Die Stumpfnaht ist hier sowohl in der Druckzone als auch in der Zugzone mit rechteckig begrenzten Laschen gedeckt. Die Laschenstärke beträgt 13 mm. Die Lasche ist bei zwei Balken allseitig, bei einem weiteren Balken nur an den Längskanten angeschweißt worden. Beim Anschweißen der Laschen wurden die Längskehlnähte an einem Stirnende begonnen und jeweils bis zum anderen Ende der Lasche geführt. Geschweißt wurde in der ersten Lage mit Stäben von 4 mm Durchmesser, in der zweiten Lage mit Stäben von 5 mm Durchmesser. Die Enden der Laschen wurden gemäß Abb. 8 mit einem Radius von etwa 150 mm angeschliffen. Die geschliffenen Flächen sind bei den ersten zwei Balken in der Längsrichtung geschlichtet worden, weil in Oberhausen das Schleifen bei diesen Balken in der Querrichtung geschehen war. Der Übergang der Laschen zu den Trägerflanschen war also ein allmählicher. Nachteilig war, daß die Kehlnähte an den Laschenenden durch das Schleifen verkleinert wurden.

e) Reihe 5′, Träger mit einer Schweißverbindung nach Abb. 9, sonst nach Abb. 2. Die Laschen waren kürzer gewählt als bei der Reihe 5. Beim Anschweißen der Laschen wurden die Längskehlnähte zunächst von der Mitte aus in der ersten Lage mit Elektroden von 4 mm Durchmesser hergestellt. Die zweite und dritte Lage wurden von den Laschenenden aus mit Elektroden von 5 mm Durchmesser gefertigt. Die Stirnkehlnähte sind in 6 Lagen entstanden, in der ersten Lage mit Elektroden von 4 mm, in den weiteren Lagen von 5 mm Durchmesser. Beim Schweißen der Nähte lagen die Träger jeweils zweckentsprechend geneigt. Die Stirnkehlnähte der Lasche in der Zugzone sind gemäß der späteren Abb. 19 und 20 bearbeitet worden; der Übergang wurde durch Fräsen des Auslaufs der Stirnkehlnähte und anschließender kurzer Strecken der Längskehlnähte sorgfältig bearbeitet und ausgerundet; in dem bearbeiteten Übergang blieben keinerlei rohe Flächen zurück.[1]

f) Reihe 6, Träger mit einer Schweißverbindung nach Abb. 11, sonst wie Abb. 2. Die Stumpfnaht war durch Laschen gedeckt, die gegen ihre Enden hin verschmälert waren und nahezu spitz ausliefen. Die verbliebene schmale Stirn der Laschen ist nicht verschweißt worden. Die Laschen sind nicht bearbeitet worden. Beim Anschweißen der Laschen wurden die Längskehlnähte an den Stirnenden begonnen und jeweils bis zur Mitte der Laschenlänge geführt.

Zusammenstellung 1.

	Versuchs-reihe	Bauart des Trägerstoßes	Dauerbiegefestigkeit D_b für 2000000 Lastspiele bei $\sigma_{ub} = 1$ kg/mm² — 1 Stoß in der Mitte zwischen den Lastst. kg/mm²	2 Stöße außerhalb der Laststellen[1)] kg/mm²
Abb. 5.	1 und 1a	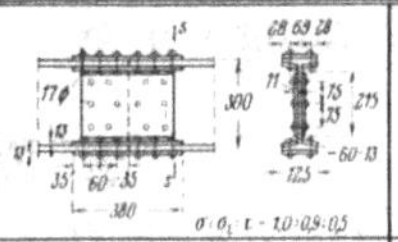	14	14
Abb. 6.	2 und 2a	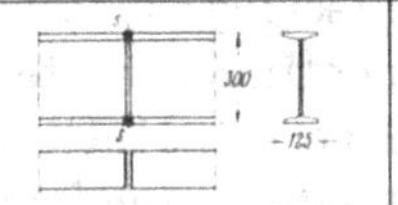	16	15
Abb. 7.	3 und 3a	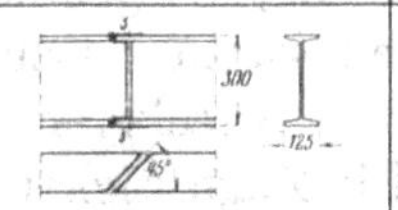	18	-
Abb. 8.	5	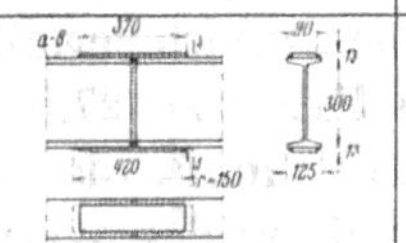	(12)	-
Abb. 9.	5′ und 5′a	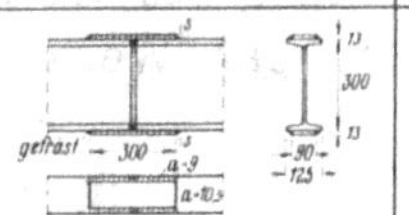	18	18
Abb. 10.	5′b	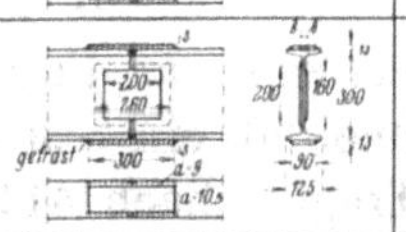		18
Abb. 11.	6 und 6a	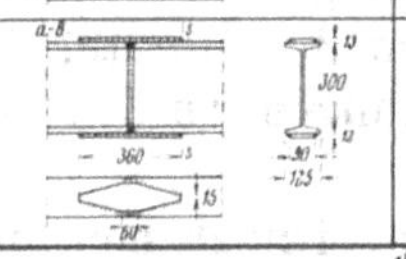	11	11

1) Mit Beanspruchung durch Querkräfte

Abb. 5 bis 11.

Die weiteren Untersuchungen erstreckten sich auf Träger, die ihre Verbindungen nicht in der Balkenmitte, sondern in den äußeren Balkenteilen besaßen, so daß zu den Biegeanstrengungen noch Schubanstrengungen traten. Die Ergebnisse dieser Versuche sollten zeigen, ob gegenüber den Feststellungen an den Trägern nach Abb. 1 und 2 eine Verminderung der Widerstandsfähigkeit durch die Mitwirkung der Schubanstrengung eintritt.

Die Schubanstrengung τ am Hals des Stegs betrug bei einer Biegeanstrengung von $\sigma_b = 10$ kg/m² $\tau =$ rd. 1,9 kg/mm².

g) Reihe 1a, Träger nach Abb. 3. Die Abmessungen der Nietverbindungen waren dieselben wie bei den Trägern der Reihe 1, vgl. Abb. 5. Im übrigen vgl. unter a).

h) Reihe 2a, Träger mit Stumpfnähten nach Abb. 6, sonst wie Abb. 4. Die Herstellung erfolgte wie bei der Reihe 2.

[1] Vgl. Heft B 8, S. 13.

i) Reihe 3a, Träger mit schrägen Stumpfnähten nach Abb. 7, sonst wie Abb. 4. Vgl. auch unter c).

k) Reihe 5'a, mit Stumpfnähten und Laschen nach Abb. 4 sowie nach Abb. 9. Die Enden der Laschen in der Zugzone waren wie bei den Trägern der Reihe 5' bearbeitet.

l) Reihe 5'b, Träger mit Stumpfnähten und Laschen nach Abb. 10, sonst wie Abb. 4. Die Stumpfnähte und die Laschen sind in gleicher Weise bearbeitet worden wie bei den Trägern der Reihe 5' und 5'a. Der Unterschied besteht lediglich in der Anwendung von Decklaschen am Steg.

m) Reihe 6a, Träger mit Stumpfnähten und Laschen nach Abb. 11, sonst wie Abb. 4. Die Schweißverbindungen waren dieselben wie bei den Trägern der Reihe 6.

Wegen der Kosten sind von den Trägern unter g) bis m) (Lastanordnung nach Abb. 3 und 4) nur wenige geprüft worden; man begnügte sich mit der Feststellung, ob bei gleicher Biegeanstrengung der Stoßstelle mehr oder weniger Lastspiele bis zum Bruch ertragen werden als bei der Anordnung der Schweißstellen nach Abb. 1 und 2.

2. Eigenschaften der Werkstoffe.

Die Festigkeitseigenschaften des Stahls in den Trägern sind von der Hauptprüfungsanstalt der Gutehoffnungshütte in Oberhausen festgestellt worden. Entsprechend den Vorbereitungen, welche das Hüttenwerk für die Herstellung der Träger getroffen hat, war der Werkstoff gleichmäßig ausgefallen. Die obere Streckgrenze von Probestäben, die den Flanschen entnommen waren, ist zu 22,2 bis 26,7 kg/mm², im Mittel zu 25,0 kg/mm² ermittelt worden; die untere Streckgrenze lag zwischen 22,2 und 25,3 kg/mm²; sie betrug im Mittel 24,0 km/mm². Die Zugfestigkeit fand sich im Mittel zu 38,0 kg/mm², die Bruchdehnung zu 30% und die Querschnittsverminderung zu 59%. Proben aus dem Steg lieferten die obere Streckgrenze im Mittel zu 27,0 kg/mm², die untere Streckgrenze zu 25,6 kg/mm², die Zugfestigkeit zu 40,8 kg/mm², die Bruchdehnung zu 27,8% und die Querschnittsverminderung zu 59%. Die Prüfung des Werkstoffs zu den Steglaschen und zu den Flanschlaschen der genieteten Träger ergab Werte, die nahe den eben berichteten liegen.

3. Durchführung der Versuche.

Durch die Versuche war die Last festzustellen, die mindestens zweimillionenmal getragen werden kann, ohne daß ein Bruch eintritt. Die Zahl der Belastungen, die minutlich wirkte, betrug bei den Trägern nach Abb. 1 und 2 in der Regel 160 in der Minute, bei den späteren Versuchen 210 in der Minute. Verwendet wurde eine hydraulisch betriebene Biegeeinrichtung; die Belastungen wurden mit einem Pulsator des Losenhausenwerks in Düsseldorf hervorgerufen.

Im einzelnen sei noch hervorgehoben, daß die Träger durch Nadellager gestützt waren. Damit wurde die Reibung an den Auflagern auf ein Kleinstmaß zurückgeführt.

Die Durchführung der Versuche besorgte Herr Oberingenieur Munzinger mit Umsicht und Sorgfalt. Auch bei der Aufstellung des Arbeitsplans und bei der Zusammenstellung der Versuchsergebnisse hat Herr Munzinger mitgearbeitet.

4. Versuchsergebnisse.

Über die Ergebnisse der Versuche ist in Zusammenstellung 2 berichtet. Die Spalten 1 bis 9 enthalten die Ergebnisse der Versuche mit Trägern, die in der Mitte gestoßen waren (Träger nach Abb. 1 und 2). Die Spalten 10 bis 16 gehören zu den Versuchen mit Trägern, die in den äußeren Balkenteilen gestoßen waren, wie sie in Abb. 3 und 4 dargestellt sind. Die in den Spalten 4, 5, 11 und 12 angegebenen Spannungen sind für die geschweißten Träger mit dem Widerstandsmoment $W = 653$ cm³ berechnet, das nach DIN 1025 für Träger I 30 gilt.

Nach Durchführung der Versuche sind die Querschnitte von drei Trägern an sauber bearbeiteten Querschnitten des mittleren Balkenteils ermittelt worden. Dabei wurde festgestellt, daß die tatsächlichen Abmessungen von den Sollabmessungen nur sehr wenig ab-

Zusammenstellung 2. Ergebnisse der Dauerbiegeversuche mit genieteten und geschweißten Trägern I 30 aus St 37. Versuchsanordnung nach Abb. 1 bis 4.

1	2	3	4	5	6	7	8	9	10	11	12	13	14	15	16
		Dauerbiegeversuche mit Trägern, die in der Mitte gestoßen sind, vgl. Abb. 1 und 2							Dauerbiegeversuche mit Trägern, die in den äußeren Balkenteilen gestoßen sind, vgl. Abb. 3 und 4.						
Reihe	Bauart der Stoßstellen	Bezeichnung der Proben	Rechnungsmäßige Biegeanstrengung im Querschnitt S—S an der unteren | oberen Belastungsgrenze σ_{ub} kg/mm²	σ_{ob} kg/mm²	Schwingweite $\sigma_{ob}-\sigma_{ub}$ kg/mm²	Zahl der Lastspiele in der Minute	bis zum Bruch oder bis zum Ende des Versuchs	Bemerkungen	Bezeichnung der Proben	Rechnungsmäßige Biegeanstrengung im Querschnitt S—S bzw. S'—S' an der unteren | oberen Belastungsgrenze σ_{ub} kg/mm²	σ_{ob} kg/mm²	Schwingweite $\sigma_{ob}-\sigma_{ub}$ kg/mm²	Zahl der Lastspiele in der Minute	bis zum Bruch oder bis zum Ende des Versuchs	Bemerkungen
1 und 1 a	Abb. 5 Genieteter Stoß	1.1 1.2 1.3	1 1 1	21 16 15	20 15 14	160 160 160	121 400 824 600 1 080 500	Bruch der Träger an einer äußeren Nietreihe der Zugzone	1 A.1	1	15	14	210	1 548 900	Bruch des Trägers in der Zugzone im Querschnitt S—S, Abb. 3
2 und 2 a	Abb. 6 Senkrechter Stumpfstoß	2.1 2.4 2.3 2.2	1 1 1 1	18 17 16 14	17 16 15 13	160 160 160 160	354 500 1 587 400 2 208 600 2 149 700	Bruch der Stumpfnaht in der Zugzone Nicht gebrochen Nicht gebrochen	2 A.1 2 A.2	1 1	17 15	16 14	210 210	436 800 1 901 100	Bruch einer Stumpfnaht in der Zugzone
3 und 3 a	Abb. 7 Schräger Stumpfstoß unter 45°	3.1 [1] 3.2 [1] 3.4 3.3	1 1 1 1	26 22 20 18	25 21 19 17	160 160 160 160	262 400 482 300 830 900 2 106 300	Bruch der Stumpfnaht in der Zugzone Nicht gebrochen	3 A.1	1	19	18	210	384 500	Bruch einer Stumpfnaht in der Zugzone
5	Abb. 8 Senkrechter Stumpfstoß mit rechteckigen Laschen an den Flanschen; Laschenenden in der Zugzone zugeschärft	5.1 [2] 5.2 [2] 5.3	1 1 1	25 18 15	24 17 14	160 160 160	82 000 237 000 628 700	Bruch der Träger am Anfang der Lasche der Zugzone							
5′ und 5′a	Abb. 9 Senkrechter Stumpfstoß mit rechteckigen Laschen an den Flanschen; Übergang der Stirnkehlnähte an den Laschen der Zugzone gefräst	5′.1 5′.2	1 1	19,3 18	18,3 17	210 210	1 028 800 1 836 700 [3]	Bruch des Trägers am Stirnkehlnahtübergang der Lasche der Zugzone Bruch einer Stirnkehlnaht und des Trägers am Anfang der Lasche	5′A.1 5′A.2 [8]	1 1	18 18	17 17	210 210	1 280 900 [6] 1 819 600 [9]	Bruch des Trägers in der Zugzone zwischen den Laststellen [7] Bruch der Stirnkehlnaht und des Trägers am Anfang einer Lasche in der Zugzone (24 mm vom Querschnitt S'—S' entfernt, dem Auflager zu, Abb. 4)
5′b	Abb. 10 Wie Reihe 5′, außerdem Laschen am Steg								5′B.1 5′B.2	1 1	20 18	19 17	210 210	438 600 2 470 000	Bruch des Trägers in der Zugzone zwischen den Laststellen [10] Nicht gebrochen
6 und 6 a	Abb. 11 Senkrechter Stumpfstoß mit Laschen an den Flanschen, Laschenenden verjüngt	6.1 [4] 6.3 [4] 6.2 [4] 6.B.1 6.B.2	1 1 1 1 1	15 13 11 13 12	14 12 10 12 11	160 160 160 160 160	945 400 958 300 2 090 800 1 011 200 1 459 700 [5]	Bruch der Träger in der Zugzone beim Eintritt in die Schweißstelle Nicht gebrochen Bruch der Träger in der Zugzone beim Eintritt in die Schweißstelle	6 A.1	1	12	11	210	1 385 300	Bruch des Trägers in der Zugzone beim Eintritt in die Schweißstelle, im Querschnitt S—S, vgl. Abb. 4 u. 11

[1] Schweißnahtoberfläche an den Flanschen geschmirgelt. — [2] An den Laschen auch Stirnkehlnähte. — [3] Nach 1 704 100 Lastspielen einmal um rd. 1 kg/mm² überlastet. — [4] Enden der Schweißnähte der Laschen abgemeißelt. — [5] Der Träger erfuhr nach 673 000 und nach 1 350 500 Lastspielen je eine vorübergehende Mehrbelastung von rd. 1,5 kg/mm². — [6] Nach 292 200 Lastspielen einmal um rd. 1,5 kg/mm² überlastet. — [7] Bruchbeginn an einer Rostnarbe oder einer Hiebnarbe. — [8] Lastentfernung 650 mm, sonst 550 mm. — [9] Nach 532 100 Lastspielen einmal um rd. 1,5 kg/mm² überlastet. — [10] Krümmung des Trägers in der Richtung der x-Achse vor dem Versuch 5,8 mm.

wichen; im Mittel waren das Trägheitsmoment und das Widerstandsmoment ein wenig kleiner als der Tabellenwert. Der Unterschied betrug im Mittel rd. 1%. Bei dieser Sachlage wurde von einer Korrektur der Spannungswerte abgesehen, um so mehr, als für eine genaue Durchführung weitere zeitraubende Ermittlungen der tatsächlichen Maße nötig gewesen wären.

Für die Träger mit genieteten Stößen wurde das Widerstandsmoment aus dem Querschnitt in der ersten Nietreihe berechnet, also unter Abzug der Nietlöcher in der Zug- und Druckzone.

a) Träger der **Reihe 1 nach Abb. 1 und 5**, sowie Träger der **Reihe 1a nach Abb. 3 und 5**, mit Nietverbindungen gestoßen.

Den Zahlenreihen in den Spalten 4 bis 8 der Zusammenstellung 2 sowie den sonst vorliegenden Beobachtungen ist zu entnehmen, daß die Träger der Reihe 1 nach Abb. 1 zweimillionenmal dem Lastspiel von $\sigma_{ub} = 1$ kg/mm² bis $\sigma_{ob} = 14$ kg/mm² unterworfen worden sind, ohne daß ein Bruch eintrat. Die Schwingweite, welche zweimillionenmal ertragen wurde, ist also zu 13 kg/mm² ermittelt worden.

Zur Beurteilung dieser Zahl sei folgendes bemerkt. Bei früheren Versuchen mit Nietverbindungen aus St 37, in den Berührungsflächen mit Mennige gestrichen, fand sich der Zugwiderstand unter oftmals wiederkehrender Last

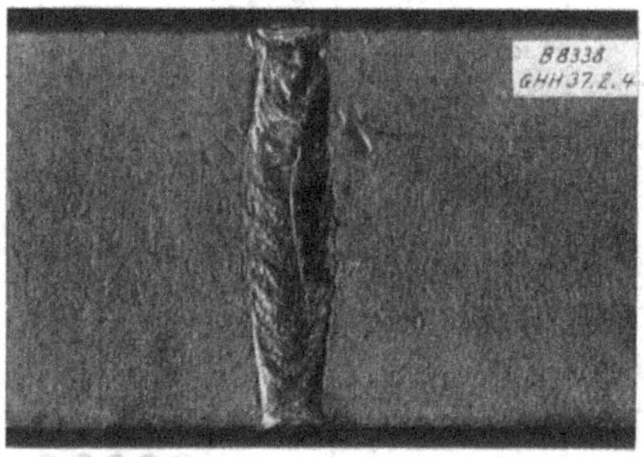

Abb. 12. Stumpfnaht in der Zugzone des Trägers 2.4 der Reihe 2 nach dem Versuch.

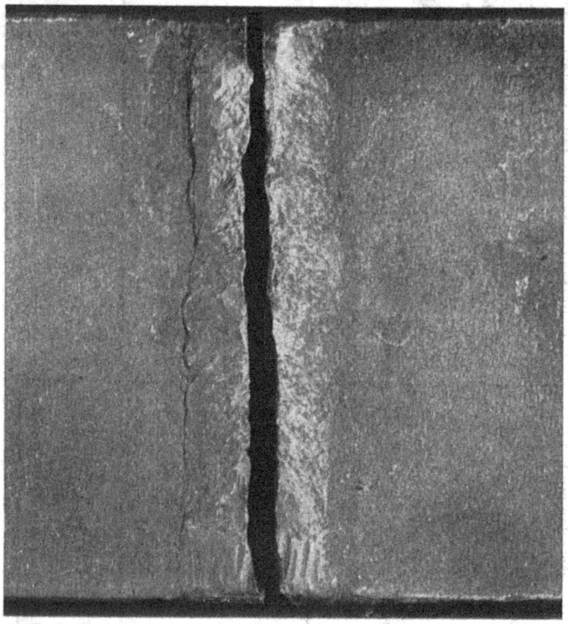

Abb. 13. Stumpfnaht in der Zugzone des Trägers 2 A. 2 der Reihe 2 a nach dem Versuch.

a) für zweireihige Verbindungen mit Zwischenanstrich [1]
zu $\sigma_{oz} = 17$ kg/mm² bei $\sigma_{uz} = 2$ kg/mm² (also die Schwingweite S zu 15 kg/mm²);

β) für gleiche Verbindungen mit anderen Stählen St 37 [2], jedoch ohne Zwischenanstrich, zu $\sigma_{oz} = 14$ bis 17,4 kg/mm², ebenfalls bei $\sigma_{uz} = 2$ kg/mm²
(Schwingweite S = 12 bis 14,4 kg/mm²).

Das Ergebnis der Träger nach Abb. 1 ($S = 13$ kg/mm²) liegt also im Bereich der früheren Versuche. Außerdem ist zu beachten, daß es sich im vorliegenden Fall um breitere und dreireihige Verbindungen handelt, während die Zahlen der früheren Versuche zu schmalen zweireihigen Verbindungen gehören. Dazu weiß man, daß der Widerstand gegen oftmals wiederkehrende Zuglasten bei dreireihigen Verbindungen etwas kleiner ist als bei zweireihigen [3].

Der Bruch der Träger nach Abb. 1 erfolgte im Querschnitt $S\,S$ der Abb. 1, also in der

[1] Bild 34 des Heftes B 5 des Ausschusses für Versuche im Stahlbau.

[2] Vgl. Klöppel, Stahlbau 1936, S. 101.

[3] Vgl. Heft B 5 des Ausschusses für Versuche im Stahlbau, S. 42 ff., sowie Vorbericht zum 2. Kongreß der Internationalen Vereinigung für Brückenbau und Hochbau, 1936, S. 1001 ff., ferner Stahlbau 1936, S. 185 ff.

ersten Nietreihe, entsprechend dem, was von früheren Zugversuchen mit Nietverbindungen bekannt ist [1].

Von den Trägern der Reihe 1a, mit der Anordnung der Stöße nach Abb. 3, ist ein Stück mit $\sigma_{ub} = 1$ kg/mm² bis $\sigma_{ob} = 15$ kg/mm² geprüft worden [2]. Die Zahl der Lastspiele bis zum Bruch betrug 1548900. Ein Träger nach Abb. 1, in der Mitte gestoßen, mit denselben Anstrengungen geprüft, brach nach 1 080 500 Lastspielen. Diese Ergebnisse zeigen, daß die Lage der Stöße (nach Abb. 1 im mittleren Balkenteil, der keine Querkräfte aufzunehmen hat oder nach Abb. 3 in den äußeren Balkenteilen, die außer dem Biegemoment noch Querkräften widerstehen müssen) hier ohne erhebliche Bedeutung für die Widerstandsfähigkeit der Stoße war.

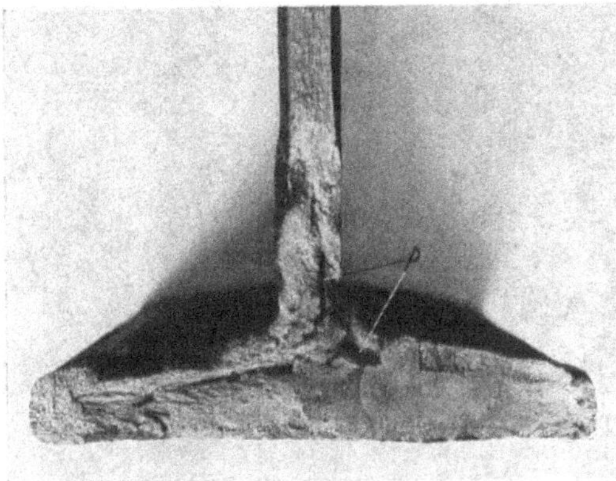

Abb. 14. Bruchfläche in der Zugzone des Trägers 2 A. 2 der Reihe 2 a.

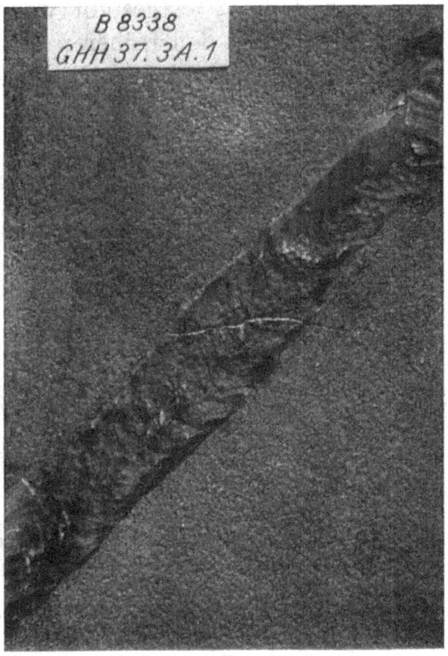

Abb. 15. Schräge Stumpfnaht in der Zugzone des Trägers 3 A. 1 der Reihe 3 a nach dem Versuch.

b) Träger der **Reihe 2 nach Abb. 2 und 6,** sowie Träger der **Reihe 2a nach Abb. 6,** sonst nach Abb. 4, mit Stumpfnähten gestoßen.

Nach Zusammenstellung 2 sind die Träger der Reihe 2 nach Abb. 2 und 6 unter $\sigma_{ub} = 1$ kg/mm² bis $\sigma_{ob} = 16$ kg/mm² nach 2 Millionen Lastspielen noch nicht gebrochen. Die Schwingweite S, welche zweimillionenmal ertragen wurde, betrug also $S = 15$ kg/mm²; sie war um 2 kg/mm² höher als bei den genieteten Trägern.

Die Träger der Reihe 2a waren etwas weniger widerstandsfähig als diejenigen der Reihe 2; die Lastspiele, welche nahezu zweimillionenmal getragen wurden, reichten von $\sigma_{ub} = 1$ kg/mm² bis $\sigma_{ob} = 15$ kg/mm², vgl. die Zusammenstellungen 1 und 2.

Die Werte der Dauerfestigkeit der Zugzone der Träger der Reihen 2 und 2a ($S = 15$ bzw. 14 kg/mm²) liegen in dem Bereich, der bei Zugversuchen mit Stumpfnähten ähnlicher Beschaffenheit festzustellen war [3].

Der Bruch der Träger der Reihe 2 und der Reihe 2a erfolgte in der Stumpfnaht gemäß Abb. 12 bis 14.

Man sieht aus Abb. 14, daß bei p erhebliche Hohlräume zurückgeblieben sind. Solche Mängel sind bei Stumpfnähten von Trägern wiederholt beobachtet worden [4].

---

[1] Vgl. Heft B 5 des Ausschusses für Versuche im Stahlbau.

[2] Die Anstrengungen σ_{ub} und σ_{ob} gelten für die Querschnitte SS und $S'S'$ in Abb. 3.

[3] Allgemein wird dabei zu beachten sein, daß die Höchstwerte, die bei Zugversuchen mit stumpfgeschweißten unbearbeiteten Flachstäben wiederholt erreicht wurden ($S = 18$, selten bis 20 kg/mm²), bei Balken nicht ohne weiteres zu erwarten sind, weil die Stumpfnähte in der Zugzone von Balken unter dem Steg schwieriger herzustellen sind als die Stumpfnähte von Flachstäben.

[4] Vgl. Graf, Bauingenieur 1938, S. 528.

c) Träger der **Reihe 3 nach Abb. 7,** sonst wie Abb. 2 und Träger der **Reihe 3a, ebenfalls nach Abb. 7,** sonst nach Abb. 4, mit schrägen Stumpfnähten.

Die Spannung, die in der Zugzone der Träger der Reihe 3 zweimillionenmal ertragen wurde, betrug $\sigma_{ob} = 18\ \text{kg/mm}^2$; die Schwingweite war $S = 17\ \text{kg/mm}^2$.

Dieser Wert liegt deutlich über der Festigkeit, welche mit gewöhnlicher Stumpfnaht nach Abb. 6 bei der Reihe 2 festgestellt worden ist, vgl. Zusammenstellung 1. Dieses Ergebnis steht im Einklang mit den früheren Feststellungen, wonach die schräge Naht nach Abb. 7 beim Dauerversuch mehr trägt als die gewöhnliche Naht nach Abb. 6 [1].

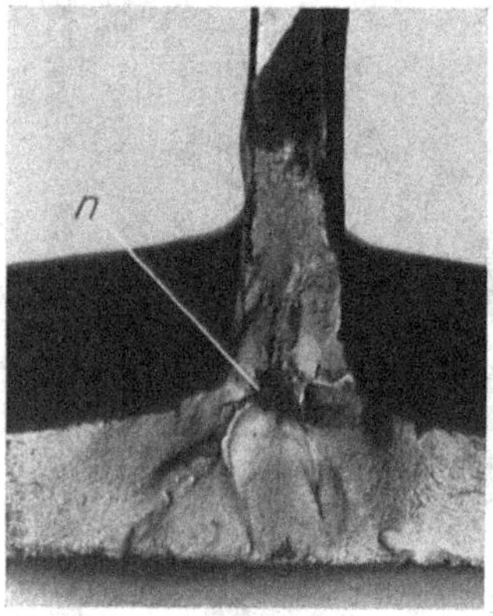

Abb. 16. Bruchfläche des Trägers 3 A. 1 der Reihe 3 a.

Abb. 17. Träger 5.2 der Reihe 5 nach dem Versuch.

Abb. 15 zeigt den Verlauf des Bruchrisses in der Zugzone eines Trägers der Reihe 3a. Bei den weiteren bis zum Bruch belasteten Trägern war der Rißverlauf ähnlich.

Bemerkenswert ist in Abb. 15, daß der Schweißer den vorstehenden Teil der Naht entgegen der Anweisung weggemeißelt hat, insbesondere an den seitlichen Rändern [2].

Abb. 18. Lasche des Trägers 5.3 der Reihe 5 nach dem Versuch.

Der zu Reihe 3a geprüfte Träger 3 A 1 hatte eine grobe Fehlstelle (unverschweißte Stelle) bei *n* in Abb. 16.

d) Träger der **Reihe 5 nach Abb. 8,** sonst nach Abb. 2. Stumpfnähte mit rechteckigen Laschen gedeckt.

Zunächst sind zwei Träger geprüft worden, deren Laschen Stirnkehlnähte hatten und deren Laschenenden gemäß Abb. 17 bearbeitet waren. Ein weiterer Träger blieb an den Laschenenden ohne Stirnkehlnähte, sonst wurde er wie die anderen behandelt.

Es zeigte sich, daß die Widerstandsfähigkeit gegen oftmals wiederholte Belastung gering war; die Versuche wurden deshalb abgebrochen.

Nach den Ergebnissen der drei Versuche kann geschätzt werden, daß der Widerstand der Zugzone der Träger gegen oftmalige Belastung etwa $12\ \text{kg/mm}^2$ betrug, also erheblich kleiner blieb als bei den Trägern ohne Laschen, vgl. Zusammenstellung 1.

[1] Vgl. Stahlbau 1933, S. 81 ff., insbesondere S. 82 und S. 90. Allerdings ist dabei zu beachten, daß es sich bei den vorliegenden und bei den früheren Versuchen um Stäbe bis 20 mm Dicke handelte. Bei dicken Stäben ist die Herstellung der schiefen Naht schwierig; deshalb wird die Anwendung der schiefen Naht in dicken Gurtungen von Männern der Praxis abgelehnt.

[2] Auch sonst war das Bestreben zu erkennen, die Nähte nachträglich sauber zu machen; u. a. wurden die Kehlnähte an den Versteifungen des Trägerstegs an den Rändern abgemeißelt. Es dürfte angezeigt sein, solche Arbeit nur ausführen zu lassen, wenn es sicher ist, daß sie nicht schadet.

Der Bruch der Träger, deren Laschen mit Stirnkehlnähten versehen waren, erfolgte nach Abb. 17. Der Träger ohne Stirnnaht brach nach Abb. 18.

Auf diese Feststellungen ist in Heft 8 näher eingegangen worden.

e) Träger der **Reihe 5′ nach Abb. 9,** sonst nach Abb. 2, und Träger der **Reihe 5′a nach Abb. 9,** sonst nach Abb. 4. Stumpfnähte mit rechteckigen Laschen gedeckt.

Die Art der Bearbeitung der Laschenenden ist aus Abb. 19 und 20 ersichtlich. Am Ansatz der Stirnkehlnaht und an den Enden der Flankenkehlnähte ist durch Fräsen und Schmirgeln ein allmählicher Übergang geschaffen worden, der in der Ausrundung keinerlei rohe Stellen enthielt.

Die Widerstandsfähigkeit der Träger der Reihen 5′ und 5′a war recht befriedigend. Die Beanspruchung, welche nahezu zweimillionenmal ertragen wurde, wechselte von $\sigma_{ub} = 1$ kg/mm² bis $\sigma_{ob} = 18$ kg/mm². Die Schwingweite war also 17 kg/mm². Die Tragkraft der Träger der Reihe 5′ und der Reihe 5′a erreichte damit die Festigkeit der Träger der Reihe 3 mit schräger Stumpfnaht bei guter Ausführung. Durch die gewählte Befestigung der Laschen und die Art der Bearbeitung der Nähte entstand ein Trägerstoß, der nach den heutigen Auffassungen als vollwertig zu bezeichnen ist.

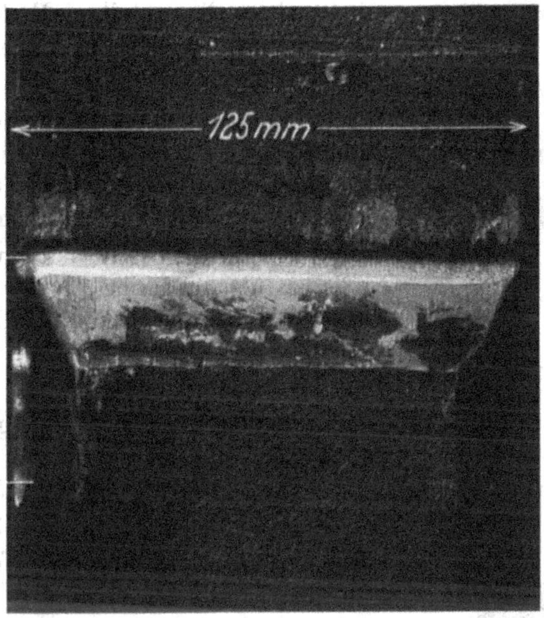

Abb. 19. Laschenende des Trägers 5′.1.

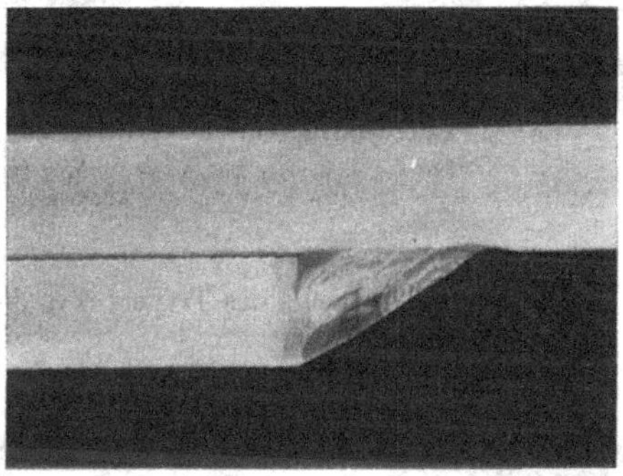

Abb. 20. Schnitt durch eine Stirnkehlnaht der Lasche am Flansch der Zugzone des Trägers 5′.1 der Reihe 5′.

Abb. 21 und 22 zeigen den Verlauf des Bruchrisses in einem Träger, der am Anfang der Stirnkehlnaht brach. Abb. 22 deutet an, daß es sich um einen gleichmäßigen Bruchverlauf handelt; der Bruch begann an der unteren Fläche des Trägers, vermutlich bei a.

In Abb. 23 und 24 ist ein Träger dargestellt, der am inneren Ende der Stirnkehlnaht der Laschen gebrochen ist. Der Bruch begann in den Laschen am inneren Auslauf der Schweißnaht. Vgl. auch Heft 8, S. 11 ff.

f) Träger der **Reihe 5′b nach Abb. 10,** sonst nach Abb. 4, mit Steglaschen.

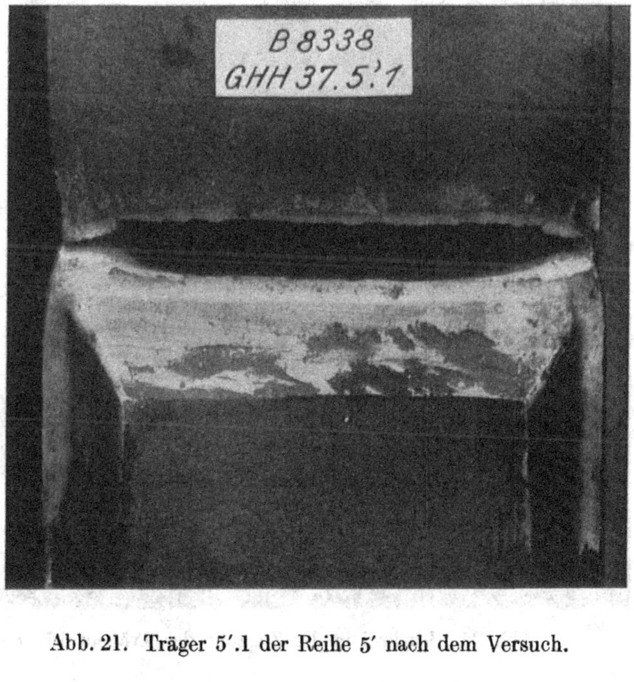

Abb. 21. Träger 5′.1 der Reihe 5′ nach dem Versuch.

Die Widerstandsfähigkeit der Träger der Reihe 5′b (mit Steglasche) fand sich ebenso groß wie bei der Reihe 5′a (ohne Steglasche). Im übrigen sei auf die Zusammenstellungen 1 und 2 verwiesen.

g) Träger der **Reihe 6 nach Abb. 11** sonst nach Abb. 2, und Träger der **Reihe 6a nach Abb. 11,** sonst nach Abb. 4. Stumpfnähte mit Laschen, die nach ihren Enden verschmälert waren und nahezu spitz ausliefen.

Die Beanspruchung, die zweimillionenmal ertragen wurde, betrug für Reihe 6 und für Reihe 6a $\sigma_{ob} = 11\,\text{kg/mm}^2$ bei $\sigma_{ub} = 1\,\text{kg/mm}^2$.

Die Festigkeit ist also kleiner geblieben als bei Reihe 5 und viel kleiner als bei der Reihe 5′. Die Laschenform nach Abb. 11 ist hiernach unzweckmäßig.

Der Bruch der Träger erfolgte am Laschenende nach Abb. 25.

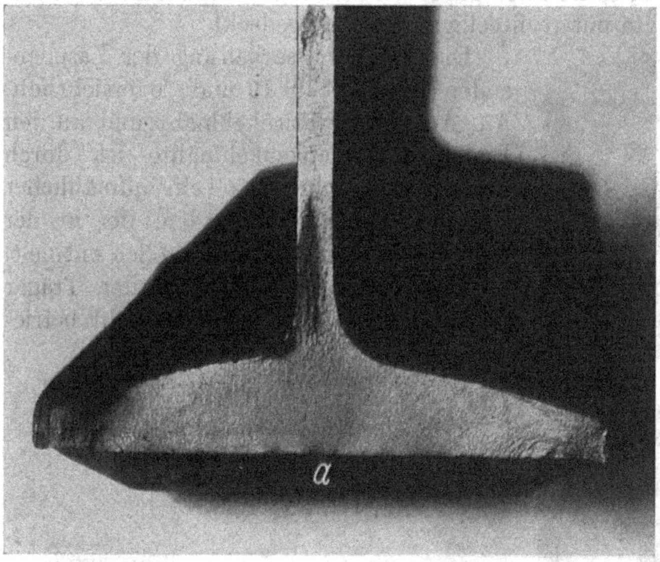

Abb. 22. Bruchfläche des Trägers 5′.1 der Reihe 5′.

h) **Feststellungen an Trägern der Reihen 5′a und 5′b,** die im mittleren nicht geschweißten Teil gebrochen sind.

Abb. 23. Träger 5′.2 der Reihe 5′ nach dem Versuch.

Abb. 24. Bruchfläche des Trägers 5′.2 der Reihe 5′.

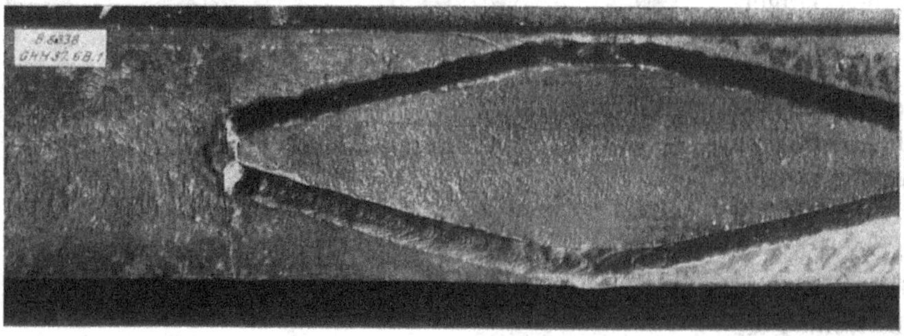

Abb. 25. Bruchriß in der Zugzone des Trägers 6 B. 1 der Reihe 6.

Zwei Träger, die in den äußeren Teilen gestoßen waren, brachen im mittleren ungeschweißten Teil. Damit wurde festgestellt, welche Biegeanstrengungen Träger ohne Schweißstellen oftmals aufnehmen können.

Es brach

a) der Träger 5′ A. 1 der Reihe 5′a nach 1 280 900 Lastspielen zwischen $\sigma_{ub} = 1,3$ und $\sigma_{ob} = 23,7$ kg/mm²; [1]

b) der Träger 5′ B. 1 der Reihe 5′b nach 438 600 Lastspielen zwischen $\sigma_{ub} = 1,3$ und $\sigma_{ob} = 26,2$ kg/mm².

Hiernach ist zu schätzen, daß der ungeschweißte Träger bei 2 Millionen Lastspielen noch $\sigma_{ob} = 22,5$ bis 23,0 kg/cm² erträgt. Die Schwingweite (Ursprungsfestigkeit) ist also 21,5 kg/mm².

Der Bruch erfolgte an leichten Rostnarben gemäß Abb. 26 und 27 [2].

5. Zusammenfassung der Versuchsergebnisse.

Aus den Ergebnissen der Versuche sei folgendes hervorgehoben.

a) Die Schwingweite, die zweimillionenmal in der Zugzone [3] ertragen wurde, betrug bei einer ruhenden Grundlast von σ_{ub} . . . . . = 1 kg/mm²

bei den genieteten Trägern (Reihen 1 und 1a) . $S = 13$ kg/mm²,

bei Trägern mit Stumpfnaht in der Mitte (Reihe 2) . . . . . . $S = 15$ „ ,

bei Trägern mit Stumpfnähten in den äußeren Balkenteilen (Reihe 2a) . . . . $S = 14$ „ ,

bei Trägern mit schräger Stumpfnaht in der Mitte (Reihe 3) . . . . . $S = 17$ „ ,

bei Trägern mit Stumpfnaht in der Mitte mit rechteckigen bearbeiteten Laschen gedeckt (Reihe 5) . . . . . $S = 11$ „ ,

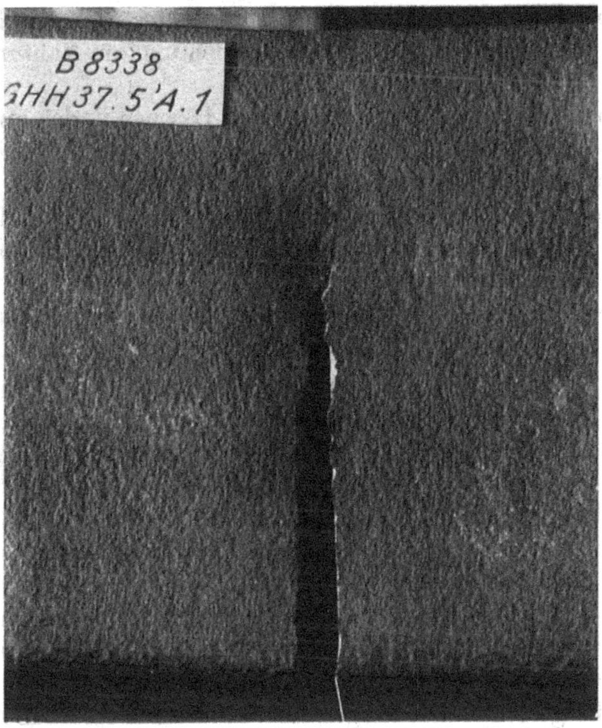

Abb. 26. Bruchstelle in der Zugzone des Trägers 5′ A. 1 der Reihe 5′a; Seitenflächen des Flansches nicht geschlichtet.

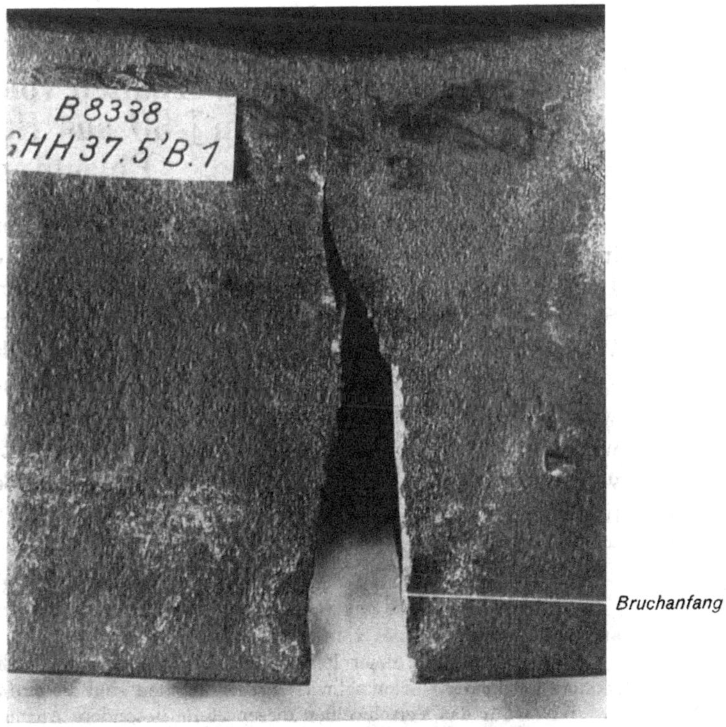

Abb. 27. Bruchstelle in der Zugzone des Trägers 5′ B. 1 der Reihe 5′b; Seitenflächen des Flansches an der Bruchstelle geschlichtet.

---

[1] Diese Feststellung gab Veranlassung, vor den weiteren Versuchen mit Trägern der Reihen 5′a und 5′b die Seitenflächen der Flanschen der Träger die 5′ A. 2, 5′ B. 1 und 5′ B. 2 im mittleren Balkenteil sorgfältig mit der Feile zu schlichten.

[2] Bei früheren Zugversuchen mit Stäben, welche nicht angerostet waren und die Walzhaut besaßen, ist die Ursprungszugfestigkeit zu rund 25 kg/mm² und mehr festgestellt worden (vgl. Heft B 5 der Berichte des Ausschusses für Versuche im Stahlbau, S. 18, Bild 29).

[3] Über die Widerstandsfähigkeit der Druckzone bei Trägern mit Stumpfnähten vgl. Stahlbau 1936, S. 71 u. 72 sowie in vorliegendem Heft, S. 12 u. f.

bei Trägern mit Stumpfnaht, mit rechteckigen Laschen gedeckt, die am Ende eine starke Stirnkehlnaht besaßen und am Nahtanfang gemäß Abb. 19 und 20 bearbeitet waren (Reihe 5′) . . . . $S = 17\ \mathrm{kg/mm^2}$,
bei Trägern mit Stumpfnaht und Laschen in den äußeren Balkenteilen, sonst wie Reihe 5′ (Reihe 5′a) . . . . $S = 17$ „ ,
bei Trägern mit Steglaschen, sonst wie Reihe 5′a (Reihe 5′b) . . . . $S = 17$ „ ,
bei Trägern mit Stumpfnaht in der Mitte oder in den äußeren Balkenteilen, mit Laschen gedeckt, die an ihren Enden verschmälert waren, ohne Stirnnaht (Reihen 6 und 6a) . . . . $S = 10$ „ ,
bei Trägern ohne Schweißnaht im mittleren Balkenteil und die dort gebrochen sind, vgl. unter 4,h . . . . $S = 21{,}5$ „ .

β) Hiernach ist die Widerstandsfähigkeit der Träger mit schrägen Stumpfnähten (Reihe 3), sowie der Träger mit Stumpfnähten und Decklaschen nach Abb. 9, 10, 19 und 20 (Reihen 5′, 5′a und 5′b) hochwertig und gleich groß ausgefallen.

γ) Wenn die Sicherung von Stumpfnähten durch Laschen verlangt wird, so geschieht dies zweckmäßig mit Laschen nach Abb. 19 und 20 [1].

δ) Die Träger mit schrägen Stumpfnähten (Reihe 3) waren widerstandsfähiger als die Träger mit gewöhnlichen Stumpfnähten (Reihe 2) [2].

ε) Durch Laschen auf den Stumpfnähten des Stegs wurde die Widerstandsfähigkeit gegen oftmals wiederholte Belastungen nicht gesteigert, vgl. Zusammenstellung 1, Reihen 5′a und 5′b.

ζ) Die genieteten Träger der Reihe 1 trugen bei $\sigma_{ob} = 14\ \mathrm{kg/mm^2}$ die Last $P = 11\,550$ kg, die geschweißten Träger der Reihe 3 bei $\sigma_{ob} = 18\ \mathrm{kg/mm^2}$ $P = 19\,200$ kg. Die geschweißten Träger der Reihe 3 waren also bedeutend widerstandsfähiger als die genieteten Träger der Reihe 1. (Weiteres vgl. unter 4,a.)

η) Die Niet- und Schweißverbindungen in den äußeren Balkenteilen, die außer dem Biegemoment noch Querkräfte aufnehmen mußten, erwiesen sich unter den vorliegenden Verhältnissen ebenso widerstandsfähig als die Verbindungen in den mittleren Balkenteilen.

ϑ) Die Stumpfnähte der Träger hatten wiederholt Fehlstellen in dem Anschluß des Stegs an die Flanschen, z. B. bei p in Abb. 14 [3].

B. Versuche über das Verhalten von geschweißten Stößen in der Druckzone von Trägern I 30 aus St 37 bei oftmals wiederholter Belastung.

Bei den Beratungen über die Vorschriften für geschweißte vollwandige Eisenbahnbrücken im Sommer 1935 war zu entscheiden, ob geschweißte Stumpfstöße durch oftmals wiederholte Druckbelastungen höher beansprucht werden dürfen als durch oftmals wiederkehrende Zugbelastungen. Nach früheren Versuchen mit gebohrten Stäben [4] war zu erwarten, daß die Widerstandsfähigkeit der Stumpfnähte unter Druckbelastung erheblich größer ist als unter Zugbelastung. Zur weiteren Klarstellung sind Versuche mit Trägern nach Abb. 28 ausgeführt worden. Diese Träger hatten in der Mitte eine Stumpfnaht. Auf dem Flansch der Zugzone war eine 160 mm breite und 20 mm dicke Platte mit Längskehlnähten befestigt. Die Zugzone war also bedeutend verstärkt. Damit wurden die Beanspruchungen in der Druckzone erheblich größer als in der Zugzone.

---

[1] Über weitere Arten der Ausführung der Laschenenden vgl. Heft B 8.

[2] Über Zugversuche mit Schweißverbindungen mit schrägen Stumpfnähten vgl. Stahlbau 1933, S. 81 ff. Vgl. auch Fußnote 1, S. 8 des vorliegenden Berichtes.

Bei Übertragung dieser Feststellungen auf praktische Verhältnisse ist zu beachten, daß schräge Nähte besonders an dicken Gurten schwieriger herzustellen sind als einfache Quernähte.

[3] Daß für das Verschweißen dieser Stelle besondere Aufmerksamkeit und Sachkenntnis erforderlich ist, war außerdem an Bruchstücken von Brückenträgern und von Schienen festzustellen. Vgl. Zeitschrift des Vereins deutscher Ingenieure, 1939, S. 1251.

[4] Vgl. Stahlbau 1934, S. 9.

Die Schweißung geschah in der Gutehoffnungshütte zu Sterkrade und zwar durch Lichtbogenschweißung. Es wurden ummantelte Elektroden der Marke „Pan“ mit 4 und 5 mm Durchmesser verwendet. Der Schweißstrom hatte eine Spannung von 30 bis 35 Volt; die Stromstärke betrug 180 bis 210 Ampere. Zunächst wurde die V-Naht im Steg des Trägers geschweißt, dann die V-Naht im Druckflansch, hierauf die V-Naht im Zugflansch; schließlich sind die Flankenkehlnähte am Zugflansch hergestellt worden und zwar in der ersten Lage beide Nähte gleichzeitig, in der zweiten Lage nacheinander.

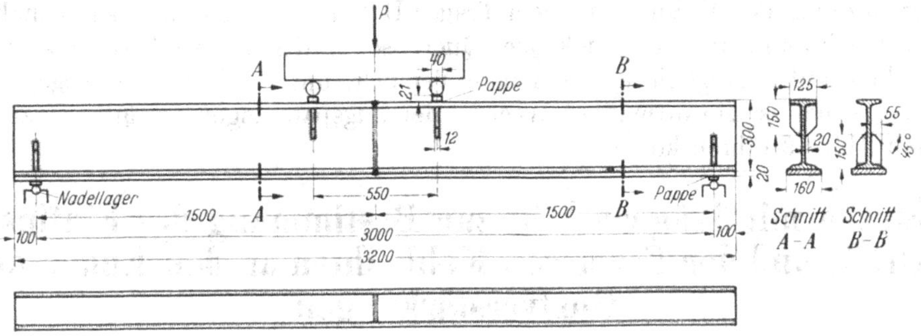

Abb. 28.

Die Prüfung erfolgte gemäß Abb. 28. Die Zahl der Lastspiele betrug 160 je Minute. Die Spannungen betrugen dabei in der Zugzone $\sigma_{ubz} = 0{,}6$ und $\sigma_{obz} = 15{,}5$ kg/mm², in der Druckzone $\sigma_{ubd} = 1$ und $\sigma_{obd} = 26$ kg/mm².

Die wichtigsten Feststellungen sind in der Zusammenstellung 3 niedergelegt.

Zusammenstellung 3.

Ergebnisse der Dauerbiegeversuche mit Trägern nach Abb. 28. 160 Lastspiele je min.

Probekörper	σ_{ubd} kg/mm²	σ_{obd} kg/mm²	σ_{ubz} kg/mm²	σ_{obz} kg/mm²	Bemerkungen
D 1	1	26	0,6	15,5	Nach 1 619 500 Lastspielen gebrochen.
D 2	1	26	0,6	15,5	Nach 2 111 800 Lastspielen nicht gebrochen;
D 2	1	30	0,6	18	Nach 338 600 Lastspielen Riß in der Stumpfnaht der Druckzone.

Hiernach brach der Träger D 1 nach 1 619 500 Lastspielen. Der Bruch erfolgte in der Zugzone; er ging von der Stumpfnaht beim Zusammentreffen mit der Längsnaht aus. Die rechnerische Anstrengung an der unteren Fläche des Flansches der Zugzone betrug dabei 13 kg/mm².

Der Träger D 2 ertrug 2111800 Lastspiele mit $\sigma_{obd} = 26$ kg/mm², ohne einen Riß zu zeigen.

In der Druckzone blieb die Schweißnaht bei beiden Trägern ohne sichtbaren Schaden.

Nach diesen Versuchen ist der Träger D 2 mit höherer Beanspruchung (in der Druckzone $\sigma_{ubd} = 1$ kg/mm² und $\sigma_{obd} = 30$ kg/mm²) weitergeprüft worden. Nach 338 600 Lastspielen ist in der Stumpfnaht des Flansches der Druckzone ein Querriß beobachtet worden, der sich allmählich auf rund $^4/_5$ der Flanschbreite ausdehnte und beim Entlasten bis rund $^4/_{10}$ mm

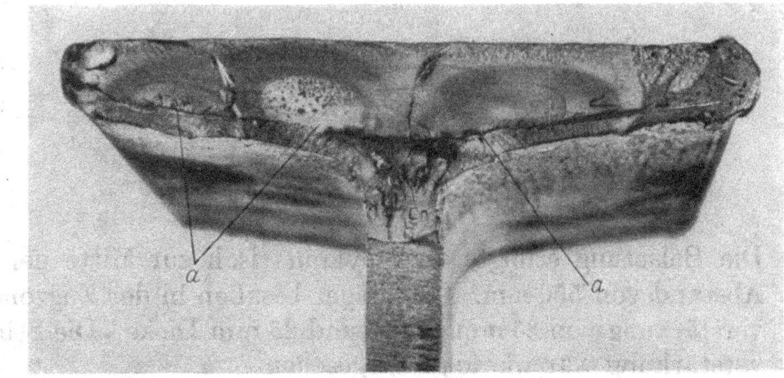

Abb. 29. Bruchfläche des Trägers D. 2. Zuerst 2111800 Lastspiele zwischen $\sigma_{ub} = 1$ kg/mm² und $\sigma_{obd} = 26$ kg/mm², dann 345000 Lastspiele zwischen $\sigma_{ubd} = 1$ kg/mm² und $\sigma_{obd} = 30$ kg/mm².

klaffte. Nach 345 000 Lastspielen wurde der Versuch abgebrochen und die Rißstelle freigelegt. Abb. 29 zeigt den vorgefundenen Zustand. Hiernach ging der Riß von den Stellen *a* in der Wurzel der *V*-Naht des Flansches der Druckzone aus.

Im ganzen zeigen die Versuche mit den Trägern *D* 1 und *D* 2, daß mit der Randspannung $\sigma_{obd} = 26$ kg/mm² (Schwingweite $S = 25$) kg/mm² keine Zerstörung in der Druckzone entstand. Beim Vergleich mit den Feststellungen unter A, S. 7 (Reihe 2, S = 15 kg/mm²) fand sich, daß die Widerstandsfähigkeit der Stumpfnaht in der Druckzone viel höher ist als in der Zugzone.

Weiter ist durch den Versuch mit dem Träger D 2 zu erkennen, daß bei oftmaliger Überlastung der Schweißnaht der Druckzone Querrisse in der Schweißnaht erschienen. Die Schweißnaht stand anfänglich, also vor dem Versuch, unter erheblichen Zugspannungen [1]; beim Dauerversuch ist ein oftmaliger Wechsel der Zugspannungen erfolgt, der zu dem Zugbruch nach Abb. 29 führen konnte [2].

C. Versuche mit Trägern I 30 zur Bestimmung des Einflusses der Größe und der Form von Kehlnähten an den Enden der Gurtverstärkungen.

Durch die Versuche, die unter A., Seite 9 ff. beschrieben sind, sowie durch die Versuche, über die in Heft 8, S. 11 berichtet ist, wurde festgestellt, daß die Enden der Gurtverstärkungen durch sachgemäße Formgebung und durch einfache Nachbearbeitung eine verhältnismäßig hohe Widerstandsfähigkeit erreichen. Nach diesen Beobachtungen schien es geboten, durch weitere Versuche festzustellen, wie die Widerstandsfähigkeit der Enden der Gurtverstärkungen verändert wird, wenn die Dicke und der Anstiegwinkel der Stirnkehlnaht geändert wird. Der Deutsche Ausschuß für Stahlbau hat die Durchführung dieser Untersuchungen in seiner Sitzung vom 5. Januar 1937 in Göttingen gutgeheißen. Ein Arbeitsausschuß, bestehend aus den Herren Ministerialrat Professor Dr.-Ing. Schaechterle, Oberingenieur Dr.-Ing. Scharnow, Professor Dr.-Ing. Klöppel und dem Berichter, hat den Arbeitsplan geprüft und gutgeheißen.

1. Arbeitsplan.

Die Versuchskörper waren Träger I 30 aus St 37 mit den in Abb. 30 angegebenen Abmessungen. Die Auflagerentfernung betrug 3000 mm; die Länge der Träger war 3200 mm.

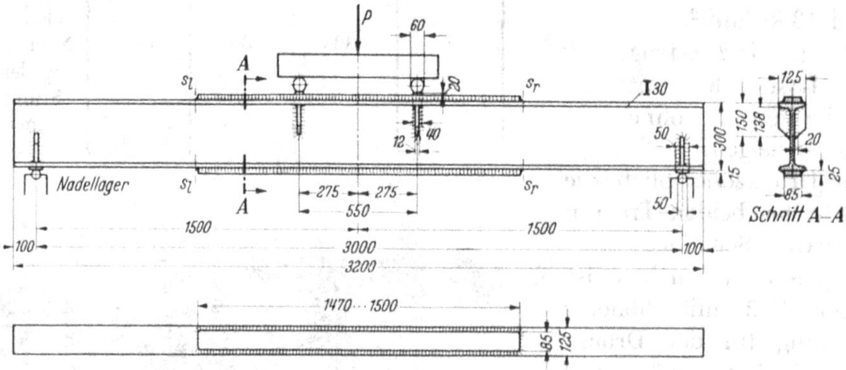

Abb. 30.

Die Belastung erfolgte an 2 symmetrisch zur Mitte der Balkenlänge gelegenen Stellen im Abstand von 550 mm. Die Träger besaßen in der Zugzone und in der Druckzone eine Gurtverstärkung von 85 mm Breite und 25 mm Dicke. Die Stirnkehlnaht an den Enden der Gurtverstärkung war wie folgt vorgesehen

[1] Vgl. Bauingenieur 1938, S. 523 ff.
[2] Vgl. außerdem Stahlbau 1934, S. 9 ff.

	Dicke der Stirnkehlnaht	Neigung der Stirnkehlnaht gegen die Gurtebene
Reihe 1, Kehlnaht nach Abb. 31	a = 5 mm	25°
Reihe 2, Kehlnaht nach Abb. 32	a = 8 mm	25°
Reihe 3, Kehlnaht nach Abb. 33	a = 11 mm	25°
Reihe 4, Kehlnaht nach Abb. 34	a = 11 mm	45°
Reihe 5, Kehlnaht nach Abb. 34 jedoch	a = 15 mm	45°.

Das Anschweißen der Gurtverstärkungen geschah im Werk Sterkrade der Gutehoffnungshütte. Die Stirnkehlnähte der Reihe 5 sind nachträglich auf Trägern hergestellt worden, die von den Reihen 1 bis 4 übrig blieben; diese Arbeit erfolgte in der Brückenbauwerkstatt der Maschinenfabrik Eßlingen. Die tatsächlichen Maße der Kehlnähte weichen von den bestellten etwas ab, namentlich bei der Reihe 4, vgl. Zusammenstellung 4, Spalten 15 und 16.

2. Eigenschaften der Werkstoffe.

Über die Festigkeitseigenschaften des Stahls der Träger gibt ein Bericht der Werkstoffprüfstelle des Walzwerks Neu-Oberhausen Auskunft. Hiernach betrug die Streckgrenze 27,7 kg/mm², die Zugfestigkeit 41,8 kg/mm² und die Bruchdehnung 26%.

Später sind aus dem Träger 1. V 2, vgl. Zusammenstellung 4, Proben entnommen worden. Diese lieferten für den Werkstoff aus dem unteren Flansch des Trägers

die obere Streckgrenze zu . . . . . . (28,2 + 29,8) 2 = 29,0 kg/mm²,
die untere Streckgrenze zu . . . . . . (26,6 + 29,1) 2 = 27,8 kg/mm²,
die Zugfestigkeit zu . . . . (41,3 + 41,8) 2 = 41,5 kg/mm²,
die Bruchdehnung zu . . . . (30 + 28) 2 = 29%,
die Querschnittsverminderung zu . . . (52 + 67) 2 = 59%.

b) Für den Werkstoff aus dem Steg des Trägers 1. V 2 fand sich

die obere Streckgrenze zu . . . . . . (38,4 + 30,7) 2 = 34,5 kg/mm²,
die untere Streckgrenze zu . . . . . . (37,2 + 30,4) 2 = 33,8 kg/mm²,
die Zugfestigkeit zu . . . . (47,3 + 42,9) 2 = 45,1 kg/mm²,
die Bruchdehnung zu . . . . (20 + 31) 2 = 25,5%,
die Querschnittsverminderung zu . . . (61 + 62) 2 = 61,5%.

Der Flachstahl für die Gurtverstärkungen besaß nach den Mitteilungen der Werkstoffprüfstelle des Walzwerks Neuoberhausen folgende Eigenschaften: Streckgrenze 27,6 kg/mm², Zugfestigkeit 41,7 kg/mm², Bruchdehnung 26%.

Das Schweißen der Träger im Werk Sterkrade geschah mit Schweißstäben der Marke „Pan". Die 1. Lage ist jeweils mit Stäben von 4 mm Durchmesser; die übrigen Lagen sind mit Stäben von 5 mm Durchmesser hergestellt worden. Die Spannung des Schweißstroms betrug bei den Stäben von 4 mm Durchmesser 40 Volt, bei den Stäben von 5 mm Durchmesser 55 Volt. Die Stromstärke war 180 bzw. 210 Ampère. Zunächst wurden die Längskehlnähte hergestellt und zwar bei den Trägern der Reihe 1 in 2 Lagen, bei den Trägern der Reihe 2 in 4 Lagen, bei den Trägern der Reihe 3 in 6 Lagen, bei den Trägern der Reihe 4 ebenfalls in 6 Lagen. Die Stirnkehlnähte wurden durchweg mit Schweißstäben von 4 mm Durchmesser hergestellt, bei den Trägern der Reihe 1 in 3 Lagen, bei den Trägern der Reihe 2 in 6 Lagen, bei den Trägern der Reihe 3 in 12 Lagen, bei den Trägern der Reihe 4 in 5 Lagen.

Die Enden der Stirnkehlnähte an den Gurtverstärkungen wurden mit einer kugelförmigen Fräserfeile von 15 mm Durchmesser (Zahnung 3) bearbeitet, jeweils soweit, daß im Übergang der Stirnkehlnaht zum Trägergut keinerlei unbearbeitete Stellen zurückblieben; es entstand stets ein allmählicher Übergang von der Stirnkehlnaht zum Trägergurt, so wie dies unter A in Abb. 23 und im vorliegenden Teilbericht durch Abb. 37 erkennbar ist.

3. Durchführung der Versuche.

Bei der Prüfung der Balken war die Last festzustellen, die mindestens zweimillionenmal getragen werden kann, ohne daß ein Bruch eintritt. Die Zahl der Lastspiele, die in der Minute ausgeführt wurden betrug 210. Verwendet wurde wie früher eine hydraulisch betriebene

Zusammenstellung 4: Versuche mit Trägern nach Abb. 30.

1	2	3	4	5	6	7	8	9	10	11	12	13	14	15	16	17
Reihe	Verlangte Dicke a der Stirnkehlnaht an den Enden der Gurtverstärkung	Bezeichnung der Probekörper	Dauerschwell-Biegeversuche; Versuchsanordnung nach Abb. 30; n = 210 Lastspiele/min. Querschnitte s_l—s_l und s_r—s_r Rechnungsmäßige Biegespannung [1] an der unteren Belastungsgrenze	an der oberen Belastungsgrenze	Schwingweite	Querschnitte a_l—a_l bzw. a_r—a_r mit der Wurzel der Stirnkehlnähte Rechnungsmäßige Biegespannung [1] an der oberen Belastungsgrenze	an der unteren Belastungsgrenze	Schwingweite	Querschnitt mit dem Bruchanfang Rechnungsmäßige Biegespannung [1] an der unteren Belastungsgrenze	an der oberen Belastungsgrenze	Schwingweite	Zahl der Lastspiele bis zum Bruch bzw. bis zum Ende des Versuchs	Bemerkungen	Anstiegwinkel αA der Stirnkehlnaht an der Gurt-Verstärkung der Zugzone	Dicke a [9] der Stirnkehlnaht an der Gurt-Verstärkung der Zugzone	Dauerschwell-Biegefestigkeit für N = 2000000 Lastspiele für σ_{bu} = 1,0 kg/mm² im Gurtquerschnitt s_l—s_l bzw. s_r—s_r
	mm		$\sigma_{bo,s-s}$ kg/mm²	$\sigma_{bu,s-s}$ kg/mm²	σ_{bu-bo} kg/mm²	$\sigma_{bu,a-a}$ kg/mm²	$\sigma_{bo,a-a}$ kg/mm²	kg/mm²	σ_{boB} kg/mm²	σ_{buB} kg/mm²	kg/mm²				mm	kg/mm²
1	rd. 5	1.V 3	1,0	19,0	18,0	1,0	19,4	18,4	1,0	19,4	18,4	170 900	Probekörper gebrochen, Bruchbeginn an der Wurzel der Stirnkehlnaht bei Querschnitt S_l—S_l der unteren Verstärkung	rd. 22°	4,3	10
		1. V 2	1,0	14,0	13,0	1,0	14,3	13,3	1,1	14,3	13,3	575 800 [4]	Probekörper gebrochen, Bruchbeginn an der Wurzel der Stirnkehlnaht bei Querschnitt S_r—S_r der unteren Verstärkung		4,2	
		1. V 1	1,0	11,0	10,0	1,0	11,2	10,2	1,0	11,4	10,4	1 676 500	Probekörper gebrochen;, Bruchbeginn wie bei Probekörper 1. V 3.		5,0	
2	rd. 8	2. V 1	1,0	17,0	15,0	1,0	17,5	16,5	1,0	17,5	16,5	1 013 700 [5]	Probekörper gebrochen, Bruchbeginn an der Wurzel der Stirnkehlnaht bei Querschnitt S_l—S_l der unteren Verstärkung	rd. 22°	7,7	13
		2. V 2	1,0	16,0	15,0	1,0	16,5	15,5	1,0	16,5	15,5	685 200	Probekörper gebrochen, Bruchbeginn an der Wurzel der Stirnkehlnaht bei Querschnitt S_r—S_r der unteren Verstärkung		9,7	
		2. V 3	1,0	14,0	13,0	1,0	14,4	13,4	1,0	14,4	13,4	1 626 600	Probekörper gebrochen, Bruchbeginn wie bei Probekörper 2. V 2.		9,5	
3	rd. 11	3. V 1	1,0	20,0	19,0	1,0	20,8	19,8	1,0	20,1	19,1	619 300	Probekörper gebrochen, Bruchbeginn in der gefrästen Hohlkehle des Querschnittes S_l—S_l am unteren Flansch, 3 mm rechts vom Querschnitt S_l—S_l	rd. 22°	12,3	16
		3. V 2	1,0	18, 0	17,0	1,1	18,9	17,8	1,0	18,1	17,1	1 073 100	Probekörper gebrochen, Bruchbeginn in der gefräßten Hohlkehle des Querschnitts S_l—S_l am unteren Flansch, 3 mm rechts vom Querschnitt S_l—S_l		14,2	
		3. V 4	1,0	17,0	16,0	1,0	17,7	16,7	1,0	17,7	16,7	1 132 900	Probekörper gebrochen, Bruchbeginn an der Wurzel der Stirnkehlnaht bei Querschnitt S_r—S_r der unteren Verstärkung		11,5	
		3. V 3	1,0	16,0	15,0	1,0	16,6	15,6	—	—	—	2 027 600 [6]	Probekörper nicht gebrochen.		12,0u.12,1	

4	rd. 11	4. V 4	1,0	17,0	16,0	1,0	17,4	16,4	1,0	17,4	16,4	748 000	Probekörper gebrochen, Bruchbeginn an der Wurzel der steileren Stirnkehlnaht der unteren Verstärkung (bei Querschnitt S_l—S_l)	32° u. 35°	9,0	13
		4. V 2	1,0	15,0	14,0	1,0	15,4	14,4	1,0	15,4	14,4	1 052 500 [7]	Probekörper gebrochen, Bruchbeginn an der Wurzel der steileren Stirnkehlnaht an der unteren Verstärkung (bei Querschnitt S_r—S_r)	32° bis 38° und 40° bis 45°	11,0	
5 [2]	rd. 15	5. 1	1,0	18,0	17,0	1,0	18,6	17,6	1,0	18,0	17,0	231 300	Probekörper gebrochen, Bruchbeginn in der gefrästen Hohlkehle des Querschnitts S_r—S_r am unteren Flansch, 2 mm links.	45°		11
		5. 2	1,0	14,0	13,0	1,0	14,5	13,5	1,0	14,1	13,1	391 800	Probekörper gebrochen, Bruchbeginn in der gefrästen Hohlkehle des Querschnitts S_r—S_r am unteren Flansch, 3 bis 5 mm links.			
		5. 3 [3]	1,0	13,0	12,0	1,0	13,5	12,5	1,0	13,1	12,1	888 400 [8]	Probekörper gebrochen, Bruchbeginn in der gefrästen Hohlkehle des Querschnitts S_l—S_l am unteren Flansch, 2 bis 3 mm rechts.			
		5. 4 [3]	1,0	12,5	11,5	1,0	12,9	11,9	1,0	12,5	11,5	1 054 600	Probekörper gebrochen, Bruchbeginn in der gefrästen Hohlkehe des Querschnitts S_l—S_l am unteern Flansch.		15,5	

[1] Die Biegespannungen sind berechnet mit dem normengemäßen Widerstandsmoment für I 30 W_x = 653 cm³, vgl. DIN 1025. [2] Die Probekörper waren ursprünglich für die Reihen 1 bis 4 hergestellt (Probekörper 5. 1 für Reihe 2; Probekörper 5. 2 und 5. 4 für Reihe 4 und Probekörper 5. 3 für Reihe 1). Die Stirnkehlnähte und die angrenzenden 70 mm der Kehlnähte der unteren Flanschverstärkungen wurden nachträglich in der Maschinenfabrik Eßlingen dicker geschweißt, auch mit dickummantelten Schweißstäben GHH. Pan, 5 mm Durchmesser, Lichtbogenschweißung (Gleichstrom). [3] Dicker geschweißte Stirnkehlnähte am Übergang zum Flansch mit Schweißflamme (Azetylen-Sauerstoff) auf 400 bis 500° C erwärmt, dann sofort oben 5 bis 6 cm hoch mit Holzasche bedeckt und Erkalten gelassen. Bei dem Probekörper 5. 3 geschah die Erwärmung nach der Bearbeitung der Stirnkehlnähte; nach dem Erkalten wurden die Hohlkehlen mit dem Formfräser blankgemacht. Bei dem Probekörper 5. 4 geschah die Erwärmung schon vor der Bearbeitung der Stirnkehlnähte. [4] Nach 93 400 Lastspielen Versuch rd. 20 Stunden unterbrochen. [5] Nach 832 200 Lastspielen vorübergehend überlastet (rd. 100 Lastspiele) mit σ_{bo} = 18,1 kg/mm und σ_{bo}—σ_{bu} = 16,0 kg/mm² anschließend Versuch rd. 9 Stunden unterbrochen. [6] Nach rd. 190 000 Lastspielen Überlastungen (rd. 100 Lastspiele) mit σ_{bo} = 16,7 kg/mm² und σ_{bo}—σ_{bu} = 15 kg/mm²; anschließend Versuch rd. 12 Stunden unterbrochen. [7] Nach rd. 818 000 bis 907 000 Lastspielen zeitweilige Überlastungen mit σ_{bo} = 15,2 bis 15,4 kg/mm². [8] Nach rd. 372 500 Lastspielen Versuch rd. 17 Stunden unterbrochen. [9] Bei den gebrochenen Probekörpern an den gebrochenen Stirnkehlnähten oder an den Stirnkehlnähten neben der Bruchstelle gemessen.

Biegeeinrichtung mit einem Pulsator des Losenhausenwerks in Düsseldorf. Die Träger waren wie früher durch Nadellager gestützt.

Die Durchführung der Versuche besorgte wiederum Herr Oberingenieur

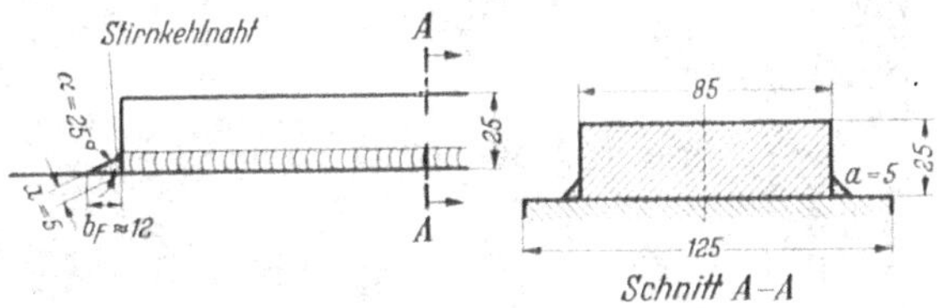

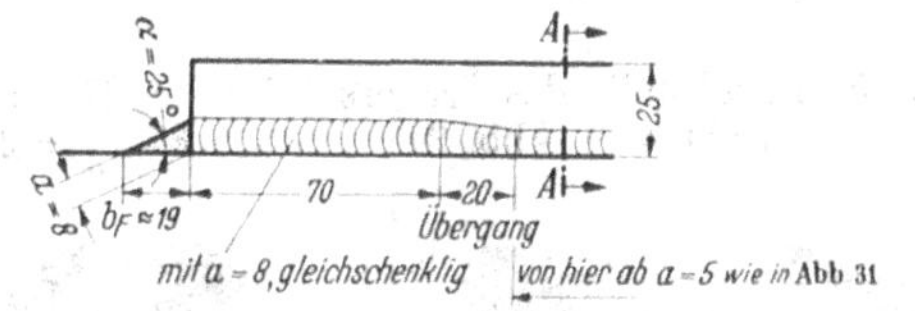

Abb. 32.

Munzinger. Er hat auch bei der Aufstellung des Arbeitsplans und bei der Zusammenstellung der Versuchsergebnisse mitgewirkt.

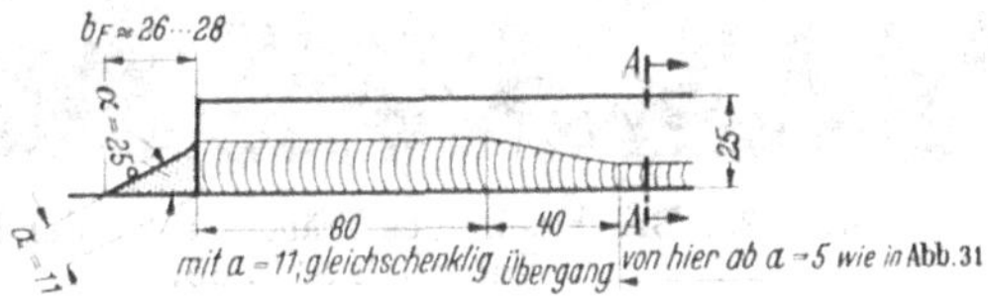

Abb. 33.

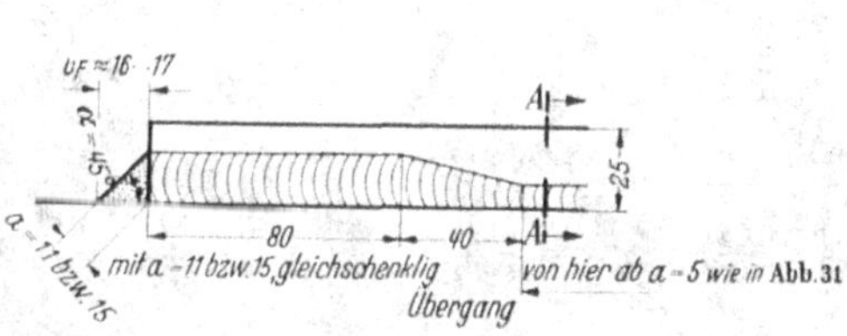

Abb. 34.

4. Versuchsergebnisse.

Die Ergebnisse der Versuche sind in Zusammenstellung 4 enthalten. In Spalte 2 ist die verlangte Dicke der Stirnkehlnähte an den Enden der Gurtsverstärkungen angegeben. In

Spalte 16 ist die Dicke eingetragen, die tatsächlich vorhanden war. Der tatsächliche Anstiegswinkel α_A der Stirnkehlnaht ist in Spalte 15 eingetragen. Er unterscheidet sich von dem Sollwert, der in Abb. 31 bis 34 eingetragen ist. In der Regel ist der wirkliche Winkel α_A kleiner als der Sollwert. Die Ergebnisse der Dauerschwellversuche finden sich in den Spalten 4 bis 14, sowie in Spalte 17 der Zusammenstellung 4. In den Spalten 4 bis 6 sind die Spannungen eingetragen, welche sich für die Querschnitte in den Übergängen der Stirnkehlnähte der Gurtverstärkung zum Zugflansch berechnen, das ist in den Querschnitten S_l und S_r der Abb. 30. In den Spalten 7 bis 9 sind die Spannungen eingetragen, die rechnungsmäßig in der Wurzel der Stirnkehlnaht also im Endquerschnitt der Gurtverstärkung auftreten. Die Anstrengungen sind nur wenig größer als die Anstrengungen in den Querschnitten S_l und S_r. Schließlich finden sich in den Spalten 10 bis 12 die rechnungsmäßigen Anstrengungen für den Querschnitt, in dem der Bruch begonnen hat. In allen Fällen sind die Spannungen auf den Sollquerschnitt des Trägers bezogen, der mit dem Widerstandsmoment $W_x = 653\ \text{cm}^3$ eingeführt ist. Die Nachprüfung des Widerstandsmo-

Abb. 35. Bruchstelle des Trägers 1. V1 der Reihe 1. Stirnkehlnaht nach Abb. 31; a = 5 mm; $\alpha_A = 22°$.

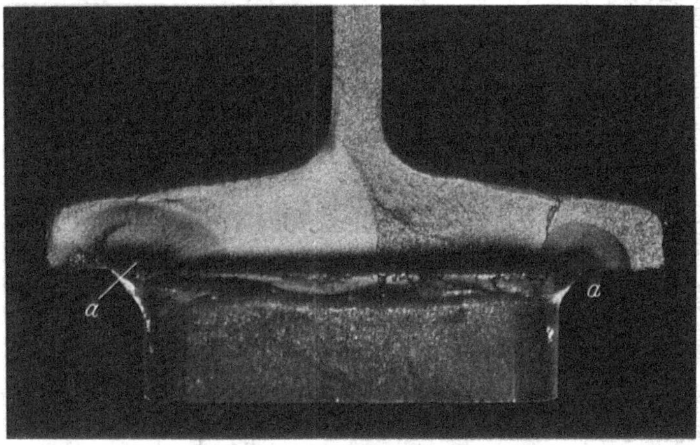

Abb. 36. Bruchstelle des Trägers 1. V1 der Reihe 1. Vgl. auch Abb. 35.

Abb. 37. Bruchstelle des Trägers 1. V2 der Reihe 1. Stirnkehlnaht nach Abb. 31; a = 4,2 mm; $\alpha_A = 22°$.

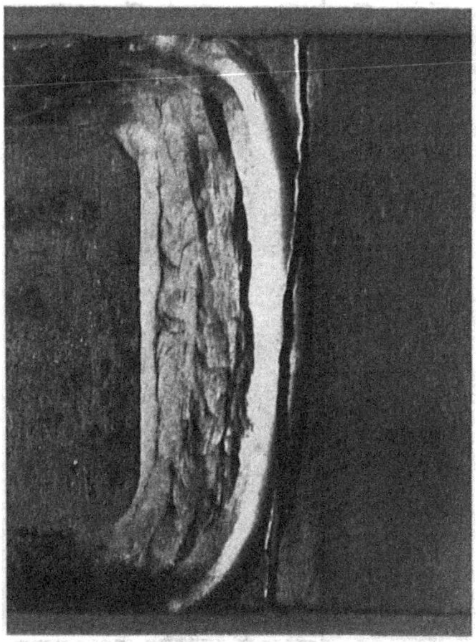

Abb. 38. Bruchstelle des Trägers 3. V2 der Reihe 3. Stirnkehlnaht nach Abb. 33; a = 14,2 mm; $\alpha_A = 22°$.

ments an einem Beispiel (Träger 3 V, 1) ergab $W_x = 656\ cm^3$, also einen nur unerheblichen Unterschied vom Sollwert.

In Spalte 13 ist die Zahl der Lastspiele angegeben, die bis zum Ende des Versuchs gewirkt hat. In Spalte 14 ist angegeben, ob und wo der Träger gebrochen ist.

Am wichtigsten ist zunächst die Tragkraft der Träger in Abhängigkeit von der Beschaffenheit der Kehlnaht an den Enden der Gurtverstärkung. Die Dauerschwellbiegefestigkeit für 2 Millionen Lastspiele, ausgehend von der Grundbelastung $\sigma_{bu} = 1\ kg/mm^2$ im Übergangsquerschnitt der Stirnkehlnaht zum Zugflansch des Trägers, also im Querschnitt S_l oder S_r betrug

bei der Reihe 1 ($\alpha_A = 22°$; Dicke der Kehlnaht $a = 4{,}5$ mm) $10\ kg/mm^2$,
bei der Reihe 2 ($\alpha_A = 22°$; Dicke der Kehlnaht $a = 9$ mm) $13\ kg/mm^2$,
bei der Reihe 3 ($\alpha_A = 22°$; Dicke der Kehlnaht $a = 12{,}5$ mm) $16\ kg/mm^2$,
bei der Reihe 4 ($\alpha_A = 32$ bis $45°$; Dicke der Kehlnaht $a = 10$ mm) $13\ kg/mm^2$,
bei der Reihe 5 ($\alpha_A = 45°$; Dicke der Kehlnaht $a = 15{,}5$ mm) $11\ kg/mm^2$.

Aus den Ergebnissen der Reihen 1 bis 3 geht zunächst hervor, daß mit Vergrößerung der Dicke a der Stirnkehlnaht eine Steigerung der Dauerschwellbiegefestigkeit eingetreten ist; sie ist dabei von 10 auf $16\ kg/mm^2$ gesteigert worden. Hiernach war es im vorliegenden Fall zweckmäßig, die Stirnkehlnaht mindestens mit a = 12 mm auszuführen.

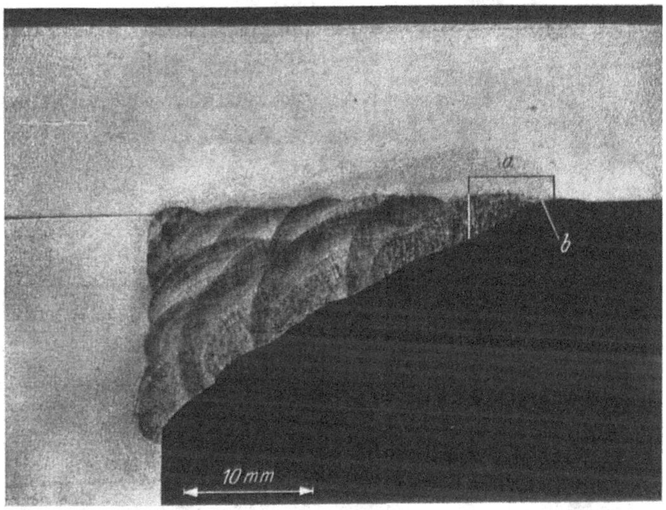

Abb. 39. Schnitt durch die Stirnkehlnaht der Verstärkung des Zuggurts des Trägers 3. V 3 der Reihe 3. Stirnkehlnaht nach Abb. 33; a = 12,0 mm; $\alpha_A = 22°$. Bei b mit einer Fräserfeile bearbeitet.

Mit der steileren Stirnkehlnaht der Reihe 4 ist eine geringere Dauerschwellbiegefestigkeit entstanden als bei Reihe 3.

Die Träger der Reihe 5 haben weniger getragen als die Träger der Reihen 3 und 4. Die Ursache dieser geringeren Tragfähigkeit dürfte zu einem Teil in dem steileren Anstellwinkel α_A der Stirnkehlnaht zu suchen sein, ferner in dem Umstand, daß die Verdickung der Stirnkehlnaht durch nachträgliches Auftragen unvollkommen ausgeführt wurde. Die äußere und die innere Beschaffenheit der zusätzlich aufgebrachten Schweißlagen war weniger gut als in den Ursprungslagen. Man wird durch dieses Ergebnis erinnert, daß die Güte der Ausführung der nachträglichen Schweißung einen erheblichen Einfluß auf die Tragfähigkeit der Schweißnaht ausübt.

Weitere Aufschlüsse geben die Abb. 35 bis 42.

Abb. 35 bis 37 zeigen die Bruchstelle der Träger 1. V 1 und 1. V 2. Der Bruch begann im Träger 1. V 1 in der Wurzel der Stirnkehlnaht beim Übergang zu den Längskehlnähten in Abb. 36 bei *a*, *a*. Im Träger 1. V 2 ist der erste Riß in der Stirnkehlnaht beobachtet worden. Der Bruch des Trägers lag abseits davon, wie Abb. 37 zeigt. Der Anfang des Dauerbruchs bei *b* in Abb. 37 [1] ist offenbar erst nach dem in Abb. 37 oben ersichtlichen Bruch der Stirnnaht erfolgt. Hiernach war eine Steigerung der Tragfähigkeit durch Vergrößerung der Stirnkehlnaht zu erwarten.

In Abb. 38 ist die Bruchstelle des Trägers 3. V 2 der Reihe 3 dargestellt. Hier begann der Bruch in der bearbeiteten Kehle vor der Stirnkehlnaht. Auch beim Träger 3. V 1 lag

[1] Nach Abb. 37 wäre es angezeigt gewesen, die Flankenkehlnaht auf eine größere Erstreckung zu bearbeiten.

der Bruch an dieser Stelle. Beim Träger 3. V 4, dessen Stirnkehlnaht nur 11,5 mm dick war (gegen 12,0 bis 14,2 mm bei den andern Trägern) begann der Bruch noch in der Wurzel der Stirnkehlnaht. Diese Feststellung und die Beobachtungen an den Trägern der Reihen 1, 2

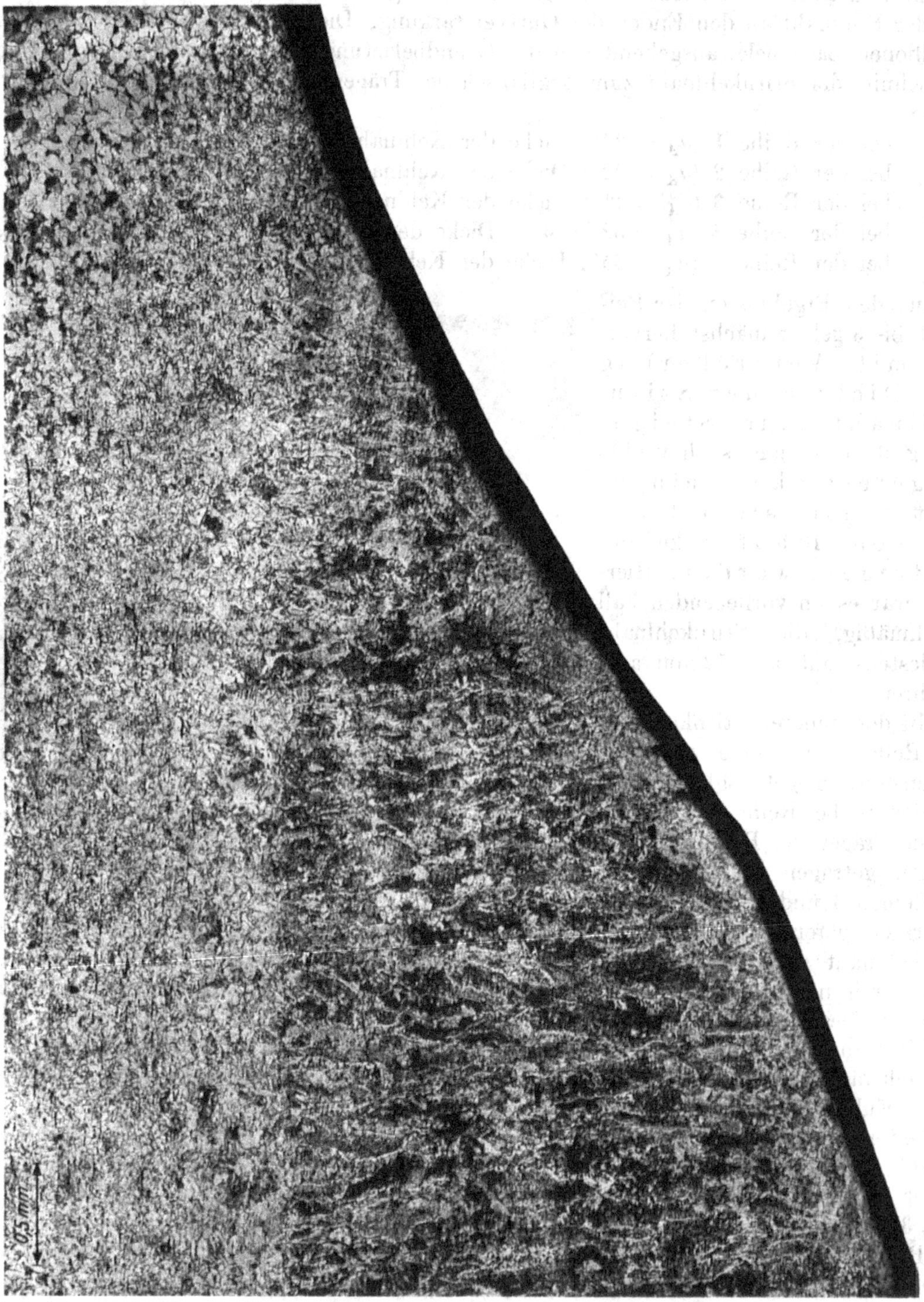

Abb. 40. Gefüge der in Abb. 39 dargestellten Stirnkehlnaht (in Feld a daselbst) im Übergang zum Zuggurt des Trägers 3. V 3.

und 3 besagen, daß die Dicke der Stirnkehlnaht unter den vorliegenden Verhältnissen mindestens a = 12 mm betragen muß, wenn der Bruch nicht mehr von der Wurzel der Stirnkehlnaht ausgehen, sondern im Übergang von der Stirnkehlnaht zum Gurt des Trägers unter höheren Anstrengungen beginnen soll.

Abb. 39 und 40 zeigen Einzelheiten einer Stirnkehlnaht des Trägers 3. V 3, die im bearbeiteten Übergang vom Gurt zur Stirnkehlnaht $\sigma_o = 16$ kg/mm² 2 027 600 Mal ertragen hat, ohne zu brechen. Es handelt sich demnach um eine Stirnkehlnaht guter Beschaffenheit.

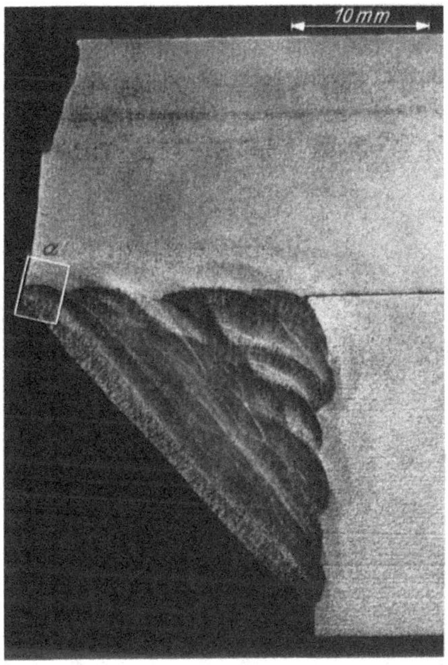

Abb. 41. Schnitt durch die Stirnkehlnaht der Verstärkung des Zuggurts des Trägers 5.4 der Reihe 5. Stirnkehlnaht nach Abb. 34; a = 15,5 mm; $\alpha_A = 45°$. Links oben liegt die Bruchstelle des Zuggurts des Trägers. Die nachträglich aufgebrachte letzte Lage unterscheidet sich durch ihr Gefüge von den darunter liegenden Lagen.

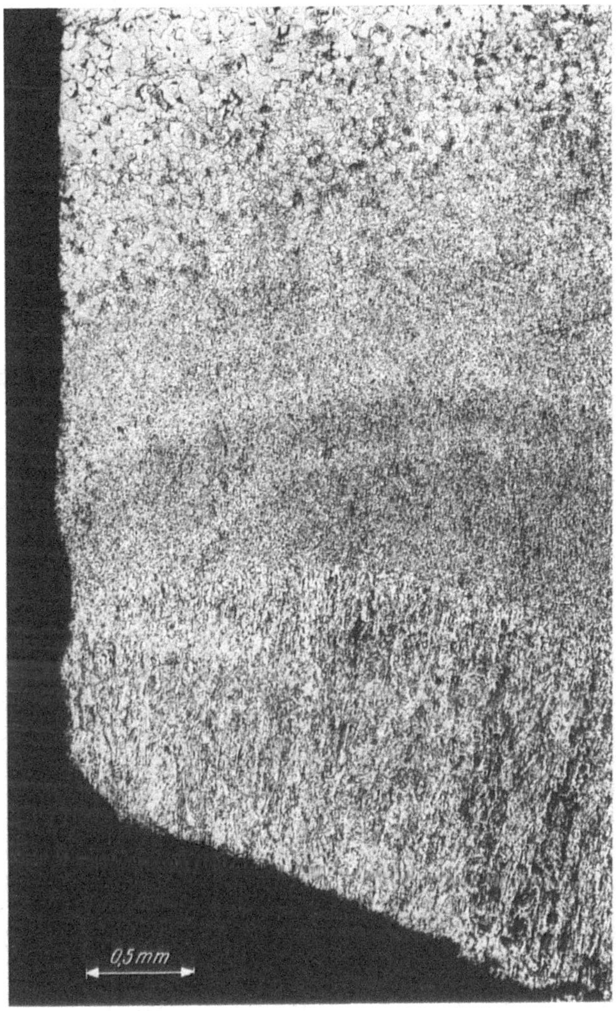

Abb. 42. Gefüge der in Abb. 41 dargestellten Stirnkehlnaht des Zuggurts des Trägers 5.4 bei der Bruchstelle (Feld a in Abb. 41).

Es erscheint angezeigt, den Zustand nach Abb. 39 als zweckmäßig hervorzuheben.

In Abb. 41 und 42 sind Einzelheiten der steil angelegten, nachträglich dicker gemachten Stirnkehlnaht des Trägers 5·4 dargestellt.

5. Zusammenfassung der Versuchsergebnisse.

Die zur Zeit wichtigsten Feststellungen sind die folgenden:

α) Die Tragfähigkeit der Träger nach Abb. 30 war in hohem Maß von der Beschaffenheit der Stirnkehlnaht der Gurtverstärkung abhängig.

β) Die Dauerschwellbiegefestigkeit im Übergangsquerschnitt der Stirnkehlnaht zum Zugflansch des Trägers war bei den Trägern der Reihe 3 ($\alpha_A = 22°$, $a = 12{,}5$ mm) am größten; sie betrug, ausgehend von $\sigma_{bu} = 1$ kg/cm², $\sigma_{bo} = 16$ kg/cm². Vgl. Seite 19.

γ) Durch Vergrößerung des Anstellwinkels $\alpha_A = 22°$ (Reihe 3) auf $\alpha_A = 32$ bis $45°$ (Reihe 4) wurde die Widerstandsfähigkeit der Träger vermindert. Vgl. Seite 19.

δ) Abb. 39 zeigt den Querschnitt der Stirnkehlnaht eines Trägers der Reihe 3; dieser Querschnitt erwies sich bei den vorliegenden Versuchen als der zweckmäßige.

9783709152324